Heyri

MICROPOLIS

技文堂

책을 펴내며

지난 1997년 시작된 헤이리 만들기 사업이 올해로 만 십년째를 맞이합니다. 헤이리는 예술인들이 주축이 되어 만들어가는 작은 예술도시입니다. 헤이리에는 그 최초의 발상에서부터, 주체형성, 청사진 마련, 도시계획, 건축, 조경, 환경디자인, 문화예술 프로그램에 이르기까지 아직까지 시도되지 않았던 새로운 방법론과 시대정신이 담겨 있습니다.

대중적으로 인지되는 헤이리의 가장 도드라진 성과 중의 하나는 건축입니다. 다수의 건물이 국내외 건축상을 수상하였으며, 해외 유수의 건축전문지에 소개되고 있습니다.

헤이리 건축을 소상히 알기 위하여 헤이리에 건축답사를 오거나 자료를 구하는 사례도 점차 늘고 있습니다. 이같은 요구에도 불구하고 적절한 자료를 제공하기 어렵던 차에 한국문화예술위원회의 후원을 얻어 이 자료집을 펴내게 되었습니다.

헤이리는 아직 만들어가는 도정에 있습니다. 2007년 6월 현재 모두 130채의 건물이 준공되었으며, 이 책에는 출간시점에 자료를 모을 수 있었던 78채의 건축물이 수록되어 있습니다. 헤이리의 건축을 조명하는 다양한 기획물들이 출간되는 기초자료이자 징검다리가 되기를 기대합니다.

2007. 6

Contents

Heyri Micropolis

Contents

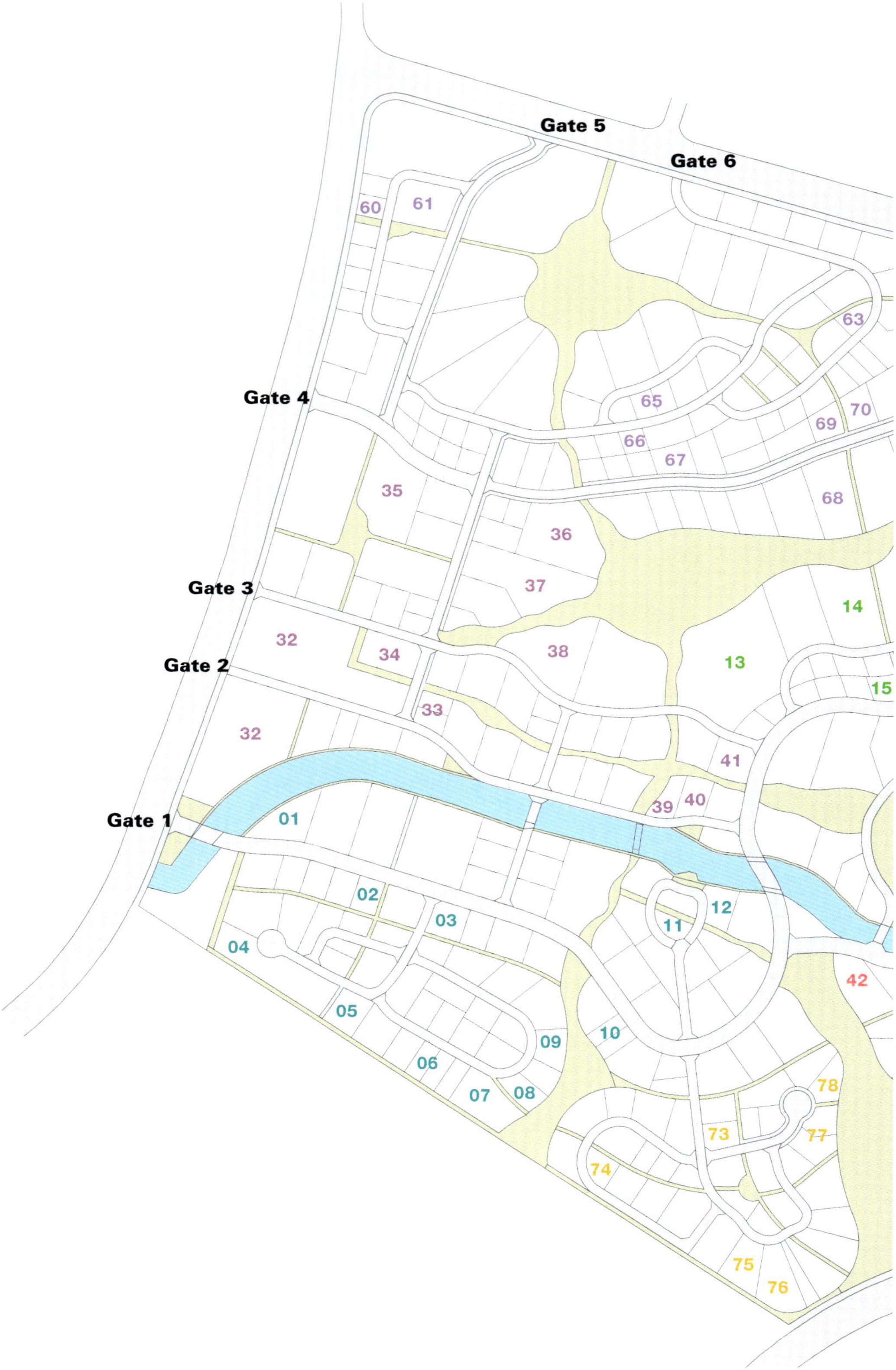
Gate 5
Gate 6
Gate 4
Gate 3
Gate 2
Gate 1
60
61
63
65
66
67
69
70
68
35
36
37
14
32
34
38
13
15
33
32
41
40
39
01
02
03
04
05
06
07
08
09
10
11
12
42
78
73
77
74
75
76

Heyri Key Map

Heyri Micropolis

창 | 포 | 마 | 을

건축가 최욱 **건축주** 김진곤, 장현숙 **위치** 경기도 파주시 탄현면 헤이리 287호 **용도** 근린생활시설 **대지면적** 803.40㎡ **건축면적** 342.08㎡ **연면적** 683.14㎡ **건폐율** 42.58% **용적률** 85.03% **층수** 지상3층 **구조** 철근콘크리트조 **외부마감** 노출콘크리트 미장마감, THK 12 불투명강화유리 **사진** 남궁선 **Architect** Choi Wook **Client** Kim Jin Gon, Jang Hyun Sook **Location** 287 Heyri, Tanhyun-myun, Paju-si, Gyeonggi-do, Korea **Use** Commercial building **Site area** 803.40㎡ **Bldg. area** 342.08㎡ **Gross floor area** 683.14㎡ **Bldg. coverage ratio** 42.58% **Gross floor ratio** 85.03%/ Three stories above ground **Structure** R.C **Exterior finishing** plaster, THK 12 opaque tempered glass **Photographer** Namgoong Sun

전시시설 및 휴게시설, 주택등의 복합건축물인 진아트는 서로 다른 기능을 가진 내부기능과 통일된 외피의 구성을 해결하기 위한 방법으로 투명과 반투명의 유리가 주재료로 쓰인 건축물이다.

Jin-Art is a complex consisting of an exhibition hall, resting place and residence. In the building, there are many different spaces with their own functions whereas the outer space is covered with an identical material. Transparent and opaque glasses are mainly used to connect the contrasting characters of inner and outer spaces.

Jin art
진아트

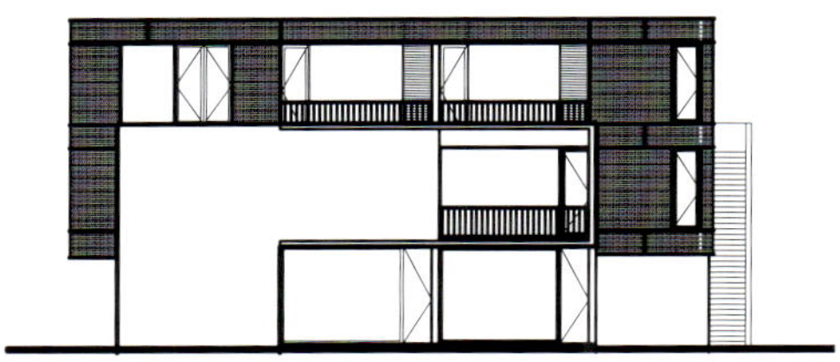

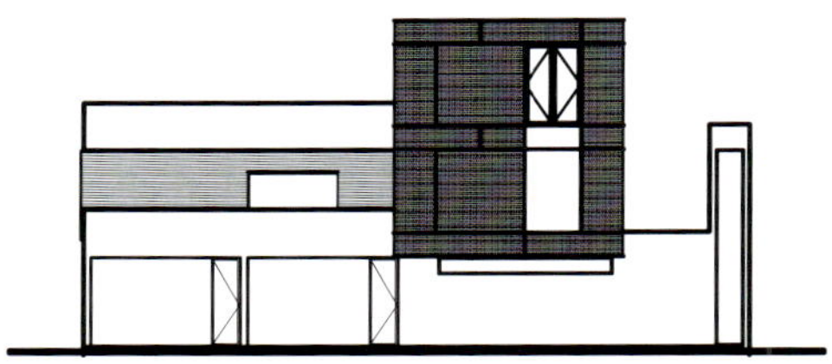

건축가 권문성 **건축주** 송재희, 성미나 **위치** 경기도 파주시 탄현면 헤이리 295호 **용도** 주택 **대지면적** 363.60㎡ **건축면적** 124.81㎡ **연면적** 201.86㎡ **건폐율** 34.33% **용적률** 55.52% **층수** 지상3층 **구조** 철근콘크리트조 **외부마감** 노출콘크리트, 드라이비트뿜칠, 콩자갈콘크리트 **사진** 문정식 **Architect** Kwon Moon Sung **Client** Song Jae Hee, Sung Mi Na **Location** 295 Heyri, Tanhyun-myun, Paju-si, Gyeonggi-do, Korea **Use** Residence **Site area** 363.60㎡ **Bldg. area** 124.81㎡ **Gross floor area** 201.86㎡ **Bldg. coverage ratio** 34.33% **Gross floor ratio** 55.52%/ Three stories above ground **Structure** R.C **Exterior finishing** Exposed concrete, Dryvit, Pebble on concrete **Photographer** Moon Jeong Sik

글을 쓰는 부부를 위한 작업공간이 있는 주택이다. 1층, 2층의 집에서 이곳으로 마치 출근하듯 밖으로 드나들도록 되어 있고 내부엔 책, 음반, 만화책의 서가로 벽면 모두를 채우고 있다. 마당으로 이어지는 계단은 각층의 여유를 위해 비워놓은 외부공간들을 하나로 이어준다. 밖을 감싸고 도는 콘크리트 벽은 출입구의 작은 정원과 위층의 발코니, 옥외계단이 의지하며 자기 목소리를 내도록 만든다.

The residence includes workspace for the married couple who are writers. They attend their third floor studio office from living space on the first and second floor. Each side of the wall is filled with books and comic books, phonograph records. The stairs leading to the garden link open spaces on the outside to make room for each floor. The exposed concrete walls surrounding the exterior of the house, hold pocket garden by the entrance and balcony on the second floor, the outdoor stairs, and also make them show their own colors.

Popularity and Tranguility

통속과 한적

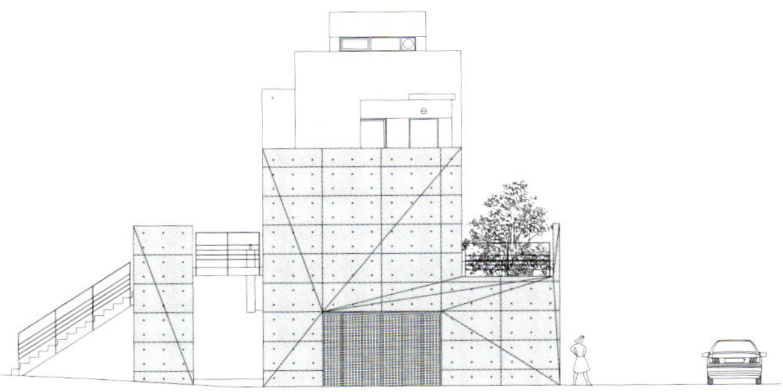

건축가 민규암 **건축주** 김정희, 김태종 **위치** 경기도 파주시 탄현면 헤이리 323호 **용도** 주택 **대지면적** 490.67㎡ **건축면적** 214.49㎡ **연면적** 552.45㎡ **건폐율** 43.71% **용적률** 87.93% **층수** 지하1층~지상3층 **구조** 철근콘크리트조 **외부마감** 콘크리트 블록 치장쌓기 **사진** 김용관, 이재성
Architect Min Kyu Am **Client** Kim Jung Hee, Kim Tae Jong **Location** 323 Heyri, Tanhyun-myun, Paju-si, Gyeonggi-do, Korea **Use** Residence **Site area** 490.67㎡ **Bldg. area** 214.49㎡ **Gross floor area** 552.45㎡ **Bldg. coverage ratio** 43.71% **Gross floor ratio** 87.93%/ One story below ground, Three stories above ground **Structure** R.C **Exterior finishing** Concrete Block finish **Photographer** Kim Yong Kwan, Lee Jae Sung

콘크리트 블럭으로 마감한 것이 신기한 모양이다. 행인들은 발걸음을 멈추고 가까이 다가와서 한번씩 만지고 간다. 콘크리트 블록이 가장 천대받는 재료의 사용에 대해서 이미 본인 최초의 작품인 한호재에서 간단히 언급한 적은 있었지만 좀더 그간 가져왔던 생각을 세세히 발표할 기회는 없었다. 대개는 본인이 콘크리트 블록을 자주 쓰는 것은 건축주의 주머니 사정을 고려한 경제적인 이유일 뿐이라고 생각을 한다. 그러나 그것이외에도 본인에게는 콘크리트 블록에 대한 애착을 갖고 있고 이미 건축수련기라고 할 수 있는 학생시절부터 줄곧 이 재료에 대해서 생각해왔다.

UV House

UV하우스

Does UV House's exterior finishing with concrete blocks look curious? Passengers stop their walking, come closer and touch the surface of the material out of curiosity.Concrete blocks! Although I have already once mentioned the use of this contemptuously treated materialin my maiden work, Hanho-je, there has not been any good opportunity for me to talk about what I have thought of this material in detail.Most people would guess the reason why I choose this material so often is just from the client's financial conditions.But other than that, I feel affinity for it. I have been thinking about this concrete blocks since I was a student as a trainee

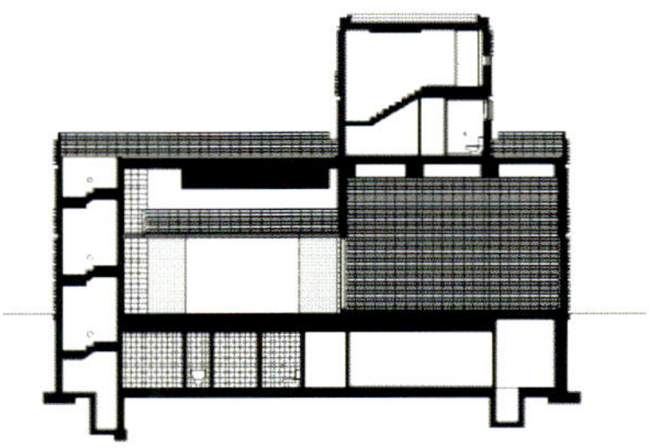

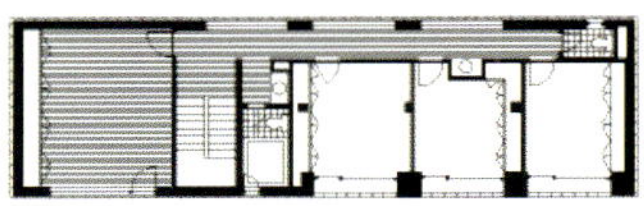

건축가 김성식 **건축주** (주)시네마서비스 **위치** 경기도 파주시 탄현면 헤이리 303호 **용도** 교육연구 및 복지시설(교육원) **대지면적** 1,623.60㎡ **건축면적** 811.49㎡ **연면적** 1,154.74㎡ **건폐율** 49.98% **용적률** 71.12% **층수** 지상2층 **구조** 철골철근콘크리트조 **외부마감** 노출콘크리트 **사진** 남궁선 **Architect** Kim Sung Sik **Client** Cinema Servic Co **Location** 303 Heyri, Tanhyun-myun, Paju-si, Gyeonggi-do, Korea **Use** Educational facilities **Site area** 1,623.60㎡ **Bldg. area** 811.49㎡ **Gross floor area** 1,154.74㎡ **Bldg. coverage ratio** 49.98% **Gross floor ratio** 71.12%/ Two stories above ground **Structure** R.C **Exterior finishing** Exposed Concretee Co **Photographer** Namgung sun

이 건물은 전문 스턴트맨과 액션배우들을 양성하고, 기성 배우들에게 액션연기를 지도하는 목적으로 설립된 전문교육기관으로서의 서울액션스쿨을 위한 시설물이다. 기본적으로 실내체육관에 가까운 프로그램을 포함하고 있고, 와이어 액션 등의 다양한 교육프로그램을 소화할 수 있으며, 교육생들을 위한 약간의 숙소 등이 배려된 건물이다. 메인프로그램으로서의 체육관 영역은 높이 10미터의 단층영역이면서도 다양한 레벨에서 사용할 수 있도록 요구되어졌다. 교육의 내용은 말 그대로 어디서든 뛰어 내릴 수 있고 어디서든 매달릴 수 있도록 구성되어져 있으므로 이에 대응하는 경제적인 건물일 필요가 있다. 헤이리 마을이 감당하기 어려운 체육관의 거대한 볼륨을 배치해야 하는 것이 첫 어려움이었는데, 사무실, 배우들을 위한 보조체육관, 숙소와 샤워시설 등을 분절된 낮은 볼륨들로 나눠 입구와 마을을 향해 배치함으로써 그 볼륨의 민망함을 덜고자 했다. 잘게 나눠진 볼륨들의 내부는 다양한 레벨로 구성되어진 복도가 되고, 노출콘크리트로 마감되어져 있어, 흡사 영화세트장에 차려진 건물 외부처럼 구성되어져 있고, 하부빔이 상부빔보다 두 배로 많이 놓여진 트러스와 더불어 웬만한 구조역학보다 더 구조적인 예술인 와이어 액션을 담당할 수 있도록 계획되어졌다.

Marshal Art Center, Seoul Action School

서울액션스쿨 마샬아트센터

This building is established for Seoul Action School aimed at training students for professional stunt man and action actors and teaching action performance to actors. MAC runs a program similar to indoor sports center's program, it's possible to teach various program such as wire-action and also it has facilities such as small sleeping area for trainee in it. Sports center area as a main program was asked to be single clear story of 10meter-height and able to be used in various levels. Literally, the curriculum means jumping and hanging from any level to anywhere. The first difficulty was to solve or dissolve the heaviness of its volume which town of Heyri can accept. The divided lower volumes such as offices, sub-gym for professional actors and actress, sleeping areas and shower rooms were placed to face the Heyri town and the gates, so that the building might reduce the uncomfortable heaviness. Small and divided volumes came into the interior with various levels as a hallways, finished with exposed concrete, had a kind of impressions of movies set for building exterior. Along with these divided volumes, the roof truss which has twice many lower beams bears the wire-actions which are more structural than any other structural engineering.

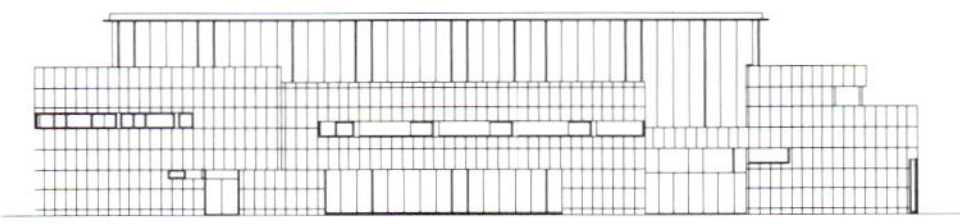

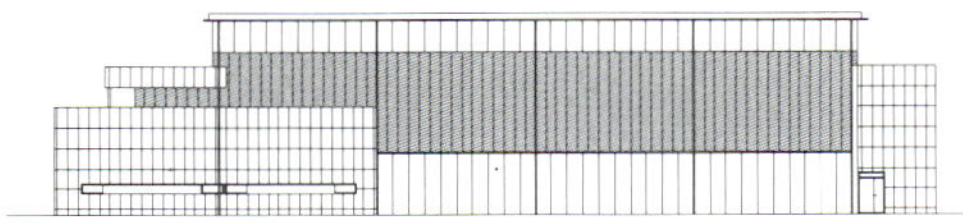

건축가 김영준 **건축주** 박돈서 **위치** 경기도 파주시 탄현면 헤이리 307호 **용도** 주택 **대지면적** 546.66㎡ **건축면적** 224.16㎡ **연면적** 325.27㎡ **건폐율** 41.01% **용적률** 49.22% **층수** 지하1층~지상2층 **구조** 철근코크리트조 **외부마감** 노출콘크리트, 투명복층유리 **사진** 김재경 **Architect** Kim Young Joon **Client** Park Don Soh **Location** 307 Heyri, Tanhyun-myun, Paju-si, Gyeonggi-do, Korea **Use** Residence **Site area** 546.66㎡ **Bldg. area** 224.16㎡ **Gross floor area** 325.27㎡ **Bldg. coverage ratio** 41.01% **Gross floor ratio** 49.22%/ One story below ground, Two stories above ground **Structure** R.C **Exterior finishing** Exposed Concrete, Pair Glass **Photographer** Kim Jae Kyung

헤이리 F지구는 이전부터 공동체를 꿈꿔 왔던 젊은 문화인들의 집합지였다. 그들은 헤이리에 합류하기 이전부터 서울 근교를 함께 답사하면서 전원과 일터 그리고 공동의 삶을 준비하고 있었다. 많은 시간 그들의 꿈을 공유하면서 공동체와 병행하는 개인 삶의 좌표로서, 거기에 이 시대 전원의 지향을 더해 개인 주택을 생각하고 있었다. 시간이 흐르면서 그리고 일의 진행이 더디어지면서 많은 이합집산이 있었다. 공동체의 꿈은 점차 사라졌고 몇몇이 남았고 새로운 구성원에게 분양되면서 헤이리의 한 부분 단독주택 단지로 정착되었다. 자하재는 그런 공동체의 여운에서 시작되었다. 전원의 삶이라는 꿈에는 외부공간과 내부공간이 어떻게 공존하느냐는 단초가 있었기에, 그들 공존의 질서에서 어떤 골격을 마련하려는 생각이었다. 그리고 우리의 여건에서는 밀도에 따라 좀더 압축적인 체계로 풀릴 것이라는 예상도 있었다.

Nowadays the F Sector of Heyri Art Valley has evolved as an ideal place for many young artists to gather and share their cultural interests. Long before they have come to the Heyri, a group of artists and cultural practitioners has been getting ready for the kind of living that can accommodate both living and work in a quiet setting within the reach of the metropolitan Seoul. Taking numerous trips and potential site visits around Seoul, it seemed as if their shared dreams and ideals are finally coming across to the reality-countryside living with a private house environment which can satisfy the need for collective life of a community and a needed privacy.

As time passed, however, difficulties came as a variety of problems and disagreements have arisen, causing many of them to leave the group. The dream of a community started to fade out, leaving only few members who were finally able to purchase properties located in the Heyri.

Jahajae

자하재(紫霞齋)

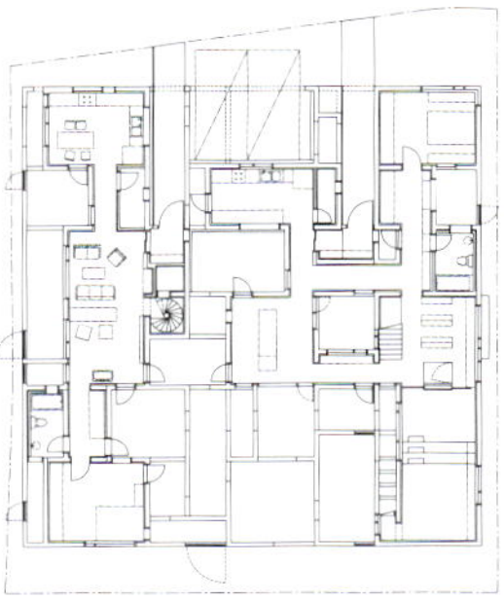
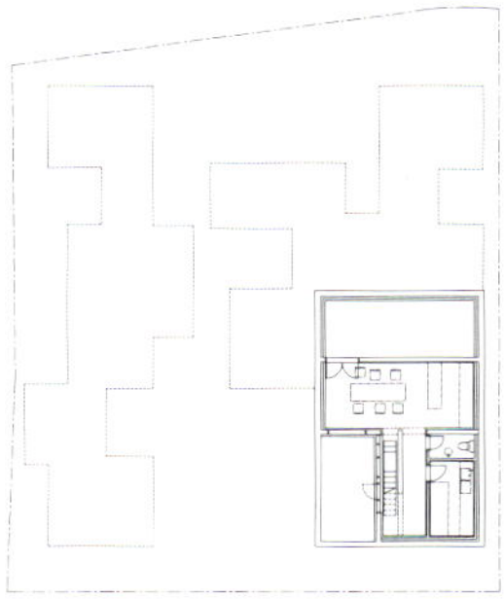
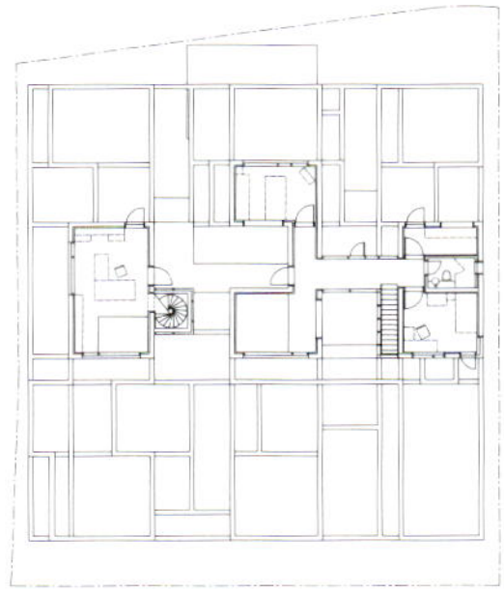

건축가 김영준 **건축주** 이미옥, 김영준 **위치** 경기도 파주시 탄현면 헤이리 310, 311호 **용도** 주택 2세대 **대지면적** 280.76㎡ / 270.52㎡ **건축면적** 131.53㎡ / 129.26㎡ **연면적** 329.30㎡ / 269.36㎡ **건폐율** 46.85% / 47.78% **용적률** 53.40% / 54.15% **층수** 지하1층~지상2층 **구조** 철근콘크리트조 **외부마감** 노출콘크리트, 투명복층유리 **사진** 김재경 **Architect** Kim Young Joon **Client** Lee Mi Ok, Kim Young Jun **Location** 310, 311 Heyri, Tanhyun-myun, Paju-si, Gyeonggi-do, Korea **Use** Residence(2 Units) **Site area** 280.76㎡ / 270.52㎡ **Bldg. area** 131.53㎡ / 129.26㎡ **Gross floor area** 329.30㎡ / 269.36㎡ **Bldg. coverage ratio** 46.85% / 47.78% **Gross floor ratio** 53.40% / 54.15%/ One story below ground, Two stories above ground **Structure** R.C **Exterior finishing** Exposed concrete, duplicated **Photographer** Kim Jea Kyung

자하재와 인접해 위치한 땅이었다. 대지 조건은 비슷했다. 같은 크기의 땅이었지만, 경사가 있었고, 두 집이어서 연면적은 거의 두 배였다. 자하재의 개념을 검토하면서 설계를 시작하였다. 공동체의 삶, 도시적인 전원, 내 외부공간의 교류, 압축적인 체계, 도시적인 질서 모든 생각의 흐름은 같았다. 다만 같은 규모의 땅에 두 배의 밀도를 풀어내는 일이 어려운 과제였다. 밀집의 대안을 생각하였다. 평면의 집합보다는 단면의 집합으로 접근하였다. 대부분 밀집된 공간에서 단면을 지향하는 것이 효과적이라 생각하였다. 단면의 집합으로 번안하기 위하여, 삼대가 모여 사는 두 세대의 복잡한 가족 구성을 네 가지의 집합으로 분류하였다. 네 가지 단면의 형식으로 과제를 압축하였다. 네 가지 삶의 단위가 각기 다른 단면으로 이루어지는, 마치 공동주거의 유형으로 최종의 제안이 정리되었다. 자하재가 평면적인 확장으로 내외부 공간의 교류를 의도했다면, 이 공간은 단면적인 확장으로 내외부 공간의 교류를 의도한 셈이다. 따라서 지하공간을 대폭 활용하는 제안으로 조정되었다. 경사지 레벨의 변화, 단면과 공간 깊이의 변화, 3개층 적층과 연결 고리의 변화, 수평적 분절과 조망 시각의 변화 등, 복잡한 대응을 거쳐 최종의 질서 체계가 정리되었다. 이 공간은 매트 형식으로 정리된 중밀도의 주거(두 세대 주택) 유형이라 할 수 있다.

Jaunjae 김영준 주택, 타잔&제인

자운재(紫雲齋)

The site is located right next to Jahajae, with which it shared similar conditions and scale. Nevertheless it was on a slope, and it required two residential units that would make the gross area double. Design had begun with reviewing the concept of Jahajae.
It shared the stream of ideas with Jahajae, including communal life, urban-ish countryside, interaction between indoor and outdoor spaces, condensed scheme, civic order, etc. But implementing a double density in the same size of land was quite a tricky task.
The approach was made to the assemblage of sections rather than that of plans, as pursuing the sectional approach was thought to be more efficient in this kind of dense space. To adapt the design for the assemblage of sections, three generations out of two households have been categorized into four assemblages. The task has been condensed into four types of sections.

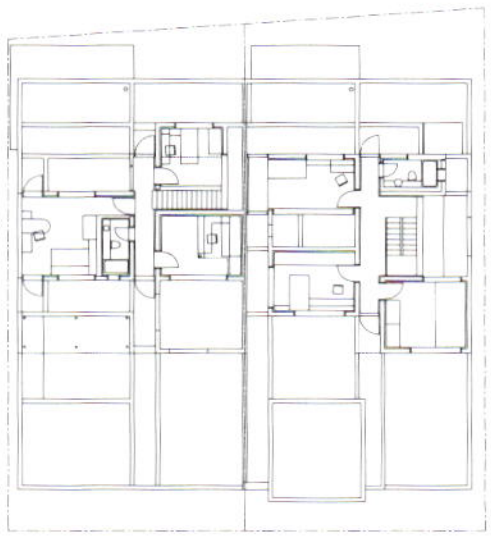

건축가 최문규 **건축주** 김병민 **위치** 경기도 파주시 탄현면 헤이리 313호 **용도** 근린생활시설, 주택 **대지면적** 990.0㎡ **건축면적** 175.805㎡ **연면적** 493.875㎡ **건폐율** 17.76% **용적률** 37.06% **층수** 지하1층~지상3층 **구조** 철근콘크리트조 **외부마감** 노출콘크리트, 내후성강판실린더 **사진** 문정식
Architect Choi Moon Gyu **Client** Kim Byung Min **Location** 313 Heyri, Tanhyun-myun, Paju-si, Gyeonggi-do, Korea **Use** Commercial building, Residence **Site area** 990.0㎡ **Bldg. area** 175.805㎡ **Gross floor area** 493.875㎡ **Bldg. coverage ratio** 17.76% **Gross floor ratio** 37.06%/ One story below ground, Three stories above ground **Structure** R.C **Exterior finishing** exposed concrete, corten cylinder **Photographer** Moon Jeong Sik

K갤러리는 헤이리 단지 경계의 구릉지에 위치하고 있으며, 지침상 플레이트 오브젝트 유형에 속한다. 건축주의 요구사항은 추후 증축 및 예산을 고려해서 최소한의 볼륨으로 150평 정도의 면적과 주거, 스튜디오, 갤러리, 카페의 프로그램을 담아내는 것이다. 우선 요구사항을 고려하여 가능한 단순한 형태의 평면으로 각각의 프로그램을 12m×12m 정방형으로 구성하고 주거를 제외한 나머지 프로그램은 임대 및 관리에 유리하도록 건물 외부에 수직 동선을 만들었다. 네 개의 서로 다른 기능들로 이루어진 평면에 변화를 주고, 상대적으로 왜소한 볼륨을 더 크게 하기 위해 각각의 층들에서 필요한 만큼 평면을 돌출시켰다. 이런 위치는 외부의 수직 동선들과도 연관을 가지고 있다. 시간의 변화를 담아내는 외부의 루버는 이렇게 돌출된 평면들로 인해 보다 다양한 그림자 기계가 되었으며, 1:1 mock-up 제작을 통해 서로 다른 크기의 스틸 원형 실린더를 사용하였다.

K gallery
K갤러리

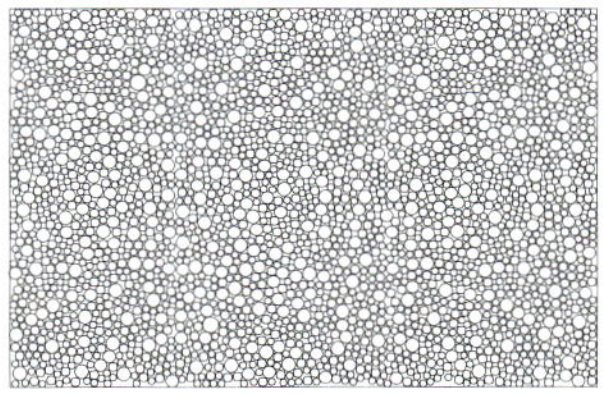

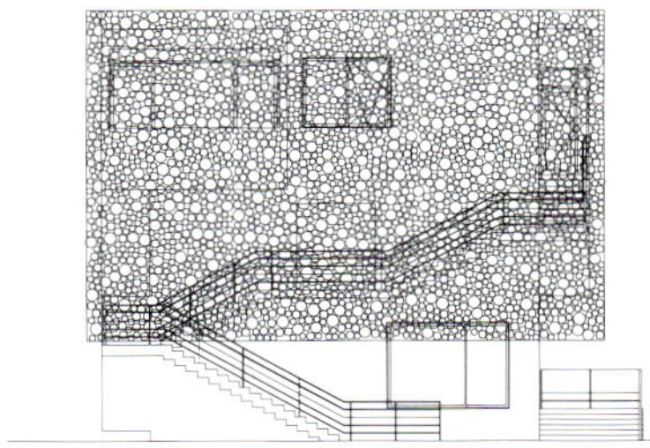

K Gallery, categorized as a flat plate object by the unique codes and regulations of Heyri art valley, is located on a pike near by the border-line of Heyri. Our client requested a multi-functional space within the smallest possible volume fitting on 45.45㎡ area. Stick with the simplest geometric plan, each program was applied to 12m x 12m square. In order to separate public and private, public areas were connected by the outdoor vertical circulation. We applied all different functional programs to each floor. Addition to the change of plans due to its function, there are some parts of the plans that are extruded as they needed to maximize the function. Those parts are designed carefully considering relationship of the vertical circulation. Louvers are the critical part of the design for K Gallery. They are the "shadow machine"that captures change of time and casts unique shadow. As some parts of plans are projected from flat surfaces, louvers are specialized as a "shadow machine." We have tested it by making 1:1 study models and decided to use steel tubes with various sizes.

건축가 김준성 **건축주** 이은미, 홍순정 **위치** 경기도 파주시 탄현면 헤이리 316호 **용도** 근린생활시설, 주택 **대지면적** 387㎡ **건축면적** 193.39㎡ **연면적** 359㎡ **건폐율** 49.97% **용적률** 92.76% **층수** 지상3층 **구조** 철근콘크리트조 **외부마감** 노출콘크리트, 유공 알루미늄, 굴곡쉬트, 복층유리, 지정 세라믹 타일 **사진** 하지권 **Architect** Kim Jung Sung **Client** Lee Eun Mee, Hong Soon Jung **Location** 316 Heyri, Tanhyun-myun, Paju-si, Gyeonggi-do, Korea **Use** Mixed-use facility, Residence **Site area** 387㎡ **Bldg. area** 193.38㎡ **Gross floor area** 389㎡ **Bldg. coverage ratio** 49.97% **Gross floor ratio** 92.76%/ Three stories above ground **Structure** R.C **Exterior finishing** Exposed concrete, Perforated and corrugated aluminum sheets, Pair glass, Designated ceramic tile **Photographer** Ha Ji Kwon

건물유형은 연속되어지는 패치에 속할 수 없는 필지로 오브제 형식의 유형에 속한다. 건물은 평면구성과 단면구성에서 동일하게 두 개의 공간으로 되어 있다. 평면상에서는 두 개의 공간 사이로 상부로의 수직동선 역할을 하는 통로가 삽입되며 단면상에서는 상부 주거공간과 하부 작업공간 사이의 외부풍경이 교차되어 삽입된다.

Tera
테 라

In its location, this building is a kind of objects on the site that is not free from the continuous patch. Two spaces are main components of organization on both floor plan and section plan. On the floor plan, a pass is inserted between the 2 spaces functioning as a vertical flow. On the section plan, the space between residential space and space for work is intended to contain outside landscape.

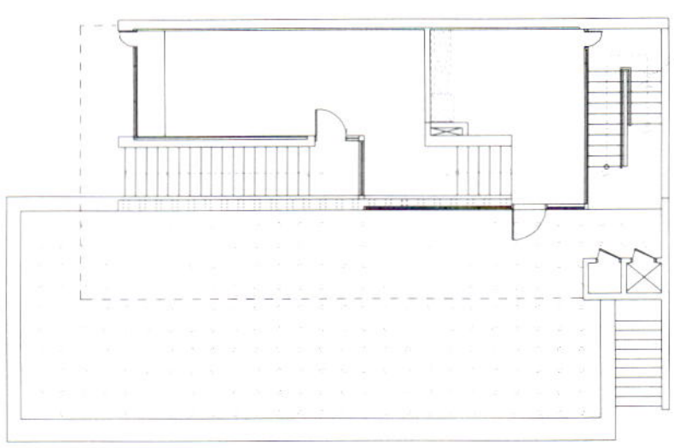

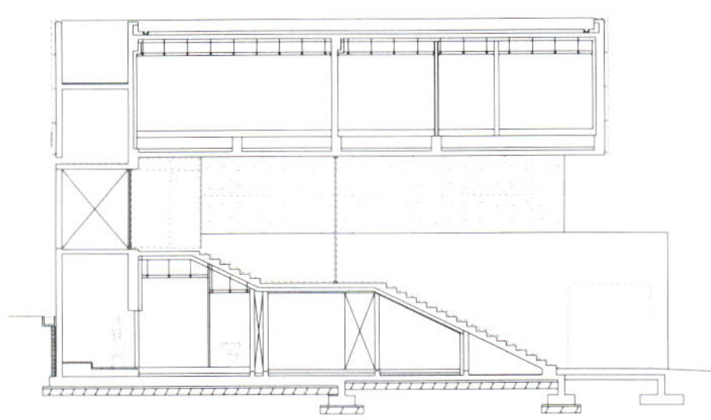

건축가 헬렌박 **건축주** 김고은, 이홍석 **위치** 경기도 파주시 탄현면 헤이리 318 **용도** 갤러리, 주택 **대지면적** 544.4㎡ **건축면적** 236.32㎡ **연면적** 493.41㎡ **건폐율** 43.41% **용적률** 90.63% **층수** 지상3층 **구조** 철근콘크리트조, 목구조 **외부마감** 노출콘크리트, 적삼목 사이딩 위 스테인 **사진** 하지권 **Architect** Helen Ju-Hyun Park **Client** Kim Ko Eun, Lee Hong Seok **Location** 318 Heyri, Tanhyun-myun, Paju-si, Gyeonggi-do, Korea **Use** Gallery & Restaurant **Site area** 544.4㎡ **Bldg.area** 236.32㎡ **Gross floor area** 493.41㎡ **Bldg. coverage ratio** 43.41% **Gross floor ratio** 90.63%/ Three stories above ground **Structure** R.C, Wooden Structure **Exterior finishing** Exposed Concrete, Cedar Siding, Oil Stain **Photographer** Ha Ji Kwon

F-41-6 대지는 동쪽으로 높아지는 유리한 지형으로, F 구역의 상단부에 위치하고 있다. 이러한 지형의 높이 차이는, 진입로와 주차장에서 1층으로 편히 진입할 수 있는 동시에 2층에서는 동쪽의 정원과 직접 연결될 수 있는 장점으로 해석 되었다. 건축주의 다양한프로그램을 수용하는 여러 안들로 시작된 디자인 작업은 융통성이 강한 안으로 정리가 되어 1층은 전시와 창고 그리고 2층은 레스토랑 또는 3층의 주거 프로그램이 확장되는 공간으로 디자인되었다.

The Habitat

해비타트

The site for F-41-6 is characterized by the distinct slope which rises to the east. This enables public to enter the first floor from the entry road as well as allowing the direct access to the garden on the second floor level. The design process began with multiple designs reflecting the diverse interests and programs of the client. The final scheme reflects the flexible program where the first floor holds the exhibition and storage while the second floor serving as restaurant or as extension to the residence on the third floor.

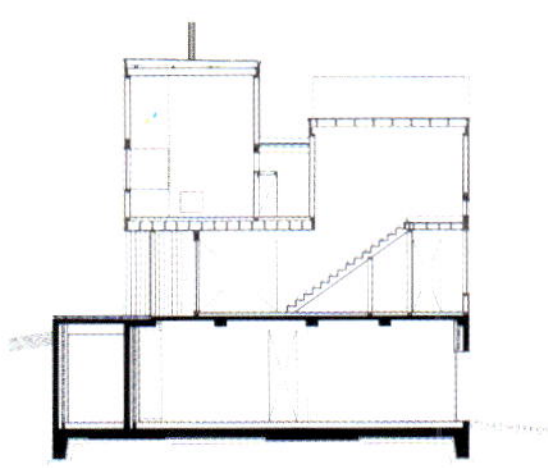

건축가 주영정 **건축주** 한영실 **위치** 경기도 파주시 탄현면 헤이리 345, 346호 **용도** 문화 및 집회시설(전시장), 근린생활시설, 주택 **대지면적** 462.8㎡ **건축면적** 192.34㎡ **연면적** 497.71㎡ **건폐율** 41.56% **용적률** 79.06% **층수** 지하1층~지상3층 **구조** 철근콘크리트조 **외부마감** 내후성강 노출콘크리트 **사진** 남궁선 **Architect** Ju Young Jung **Client** Han Young Sil **Location** 345, 346 Heyri, Tanhyun-myun, Paju-si, Gyeonggi-do, Korea **Use** Gallery, Workshop & Residence **Site area** 462.8㎡ **Bldg. area** 192.34㎡ **Gross floor area** 497.71㎡ **Bldg. coverage ratio** 41.56% **Gross floor ratio** 79.06%/ One story below ground, Three stories above ground **Structure** R.C **Exterior finishing** Corten Steel, Exposed concrete **Photographer** Namgung Sun

"깊이 있는 만남은 오랜 시간을 전제로 하듯이 시간을 필요로 하는 기다림을 예정해 둔다. 그것은 시간 속에서 무한한 변신을 시도하기에 지루한 기다림이 아니다"

다양한 문화장르가 한 공간에서 소통하는 문화예술인의 마을인 헤이리에서 본 건물은 주어진 건축지침에 의해 형성된 mass를 기본으로 하여 도예가인 건축주의 요구에 따라 전시장, 작업실, 개인공간이라는 program과 자연지형, 주변과의 관계 등을 고려하여 전체 구성이 이루어졌다. 대지경사에 의해 형성된 진입계단을 따라 본채와 별채 그리고 자연으로 연결되며 각각의 공간들은 그 성격에 따라 친밀도를 달리하며 놓여져 있다.

시간은 살아있는 생명처럼 시간이라는 언어와 함께 움직임을 표현 한다. 빛의 투과와 또 다른 이면에서는 빛의 흡수가 이루어지면서 생겨난 빛의 파편들을 구상, 오래된 에너지. 다양한 시간성. 시대성을 겸비한 이곳은 한곡의 변주곡처럼 계속해서 변주의 변주를 거듭해나가는 메인코드로 남을 것이다.

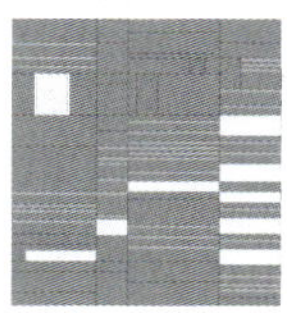

ponetive space

포네티브 스페이스

"As the deeply meaningful meeting given by old time, we plan waiting that needs time. It is not a tiring waiting because of trying infinite transforamtion in time."

Heyri heads for the art village that communicates the culture with the various genres in the one space. Our building is based on mass formed by given construction guide and general idea is structured by the program that meets exhibition hall, work rooms and private place and configuration of the ground and environment concern on demand of owner who is a potter. Starting from the approaching stair formed by the inclination of the ground we can see the main building and the annex and reach the nature. Each space has the difference in intimacy and is placed in the order of attribute.

Time expreses the movement together with language "time" like breathing life. There is transillumination of light and on the opposite side there is the absorption. Those action cause fragment of light. This place that combines the new conception, old energy and various period of time will remain as a main code playing continuous a variation like a musical variation on a theme.

건축가 헬렌박 **건축주** 이종욱, 현일숙 **위치** 경기도 파주시 탄현면 헤이리 273호 **용도** 주택 및 근린생활시설 **대지면적** 270.10㎡ **건축면적** 85.68㎡ **연면적** 169.66㎡ **건폐율** 31.60% **용적률** 65% **층수** 지상2층 **구조** 철근콘크리트조, 목구조 **외부마감** 목재 사이딩 **사진** 하지권 **Architect** Helen Ju-Hyun Park **Client** Lee Jong Wook, Hyun Il Sook **Location** 273 Heyri, Tanhyun-myun, Paju-si, Gyeonggi-do, Korea **Use** Residence **Site area** 270.10㎡ **Bldg. area** 85.68㎡ **Gross floor area** 169.66㎡ **Bldg. coverage ratio** 31.60% **Gross floor ratio** 65%/Two stories above ground **Structure** R.C, Wooden Structure **Exterior finishing** Wooden Siding & Color Metal Sheet **Photographer** Ha Ji Kwon

E-29 필지는 헤이리단지 안에서 독특한 조건을 가지고있다. Cul-de-sac 안쪽에 섬처럼 이루어진 대지로 굽은 도로의 곡선이 지침에서 제시된 건물 자리에 그대로 반영이 되었다. 반달형의 대지 안에 지침 패치를 따르다 보니 곡면을 가진 건물이 자리잡게 되었고, 대지의 큰 나무의 위치와 더불어 타원의 평면을 지닌 형태가 이루어졌다. 평소 즐겨 읽으시며 모으신 책을 나누는 장소와 두 내외분께서 거주하실 주택이 주어진 프로그램이었다. Book Cafe는 마당을 통해 나무를 보며 진입할 수 있도록 지층에 배치되었고, 주택은 privacy와 보안을 고려하여 위층으로 계획되었다. 두 내외분만의 공간이기에 주택의 구성은 지붕 아래 하나의 공간으로 손님방 외에는 막히는 공간이 없도록 연결되며 이루어졌고, 마당의 나무를 볼 수 있으며, 채광과 맞바람이 가능한 곳에 창을 두었다. 곡선과 지붕 구조의 표현을 강조하며 효율적인 공사를 가능하게 하는 목구조를 선택하게 되었고, polycarbonate 외장 재료로 목조의 약점을 보안하였다. 목구조와 polycarbonate의 만남에서 조명과 어우러지는 다양한 표현이 고려되는 입면이 이루어졌다. Book Cafe는 마당과의 관계와 타원이 어우러져 이루는 공간으로 마당에서도, 실내에서도 책을 읽으며 동선이 연결되는 안을 생각하였다. 밤과 낮, 햇빛의 조건마다 다르게 보이는 단일의 타원건물과 헤이리의 자연과 연결, 어우러지는 건축을 생각하였다.

Lee's Book Cafe & Residence

북카페 반디

Heyri Art Valley is a 'micropolis' where the community members have conceived a place where they can reside, create, and share their works with the public. It started with the master plan and the strict architectural guidelines with which all the lots, buildings, and landscape have been planned and built. Heyri E-29 has a unique site condition within Heyri Art Valley. The road loops around to form a cul-de-sac, defining two sites with half-moon shapes. Like an island, the site situates itself with its round side to the road and the other side facing the neighbor with the draining creek and a large platanus tree in between. Heyri architectural guideline assigns the round half of the site to be the buildable area; subsequently, the building mass and the form followed the site condition. For the program, the Lee han proposed their residence and a book cafe where they can share their life-long collection of books with the visitors over a cup of herbal tea or freshly roasted coffee. One enters the book cafe through the garden, under the shadow of the tall platanus tree. Both the garden and the building constitute the space for the book cafe. The residence was placed on the second floor, and since it was mainly the place for the couple, all the programs have been placed under one sweeping roof except the guest room and bathroom, fit into a 'box'. The attic on top of the box is edged with a continuous line of low table over the heated floor so that the couple would have another 'study' besides the one with chairs and desks on the first floor. The windows were placed at points from which views of the tree, light and cross ventilation would be possible. Wooden construction was chosen for the efficient and proper expression of the curve in the wall and the roof construction. The couple enjoys the early morning sun as it slides low through the edge of the roof and the opening between the beams covered with fixed glass. The building works as a lantern to Heyri landscape as the warm light of the house glows around the edge of the roof and through the large window to the garden.

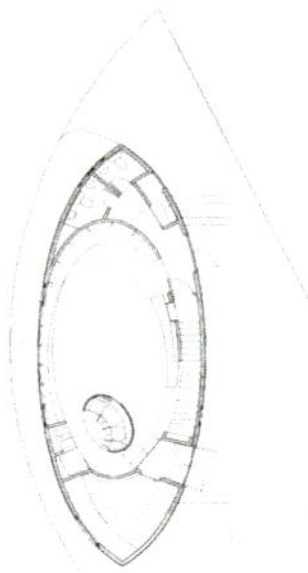

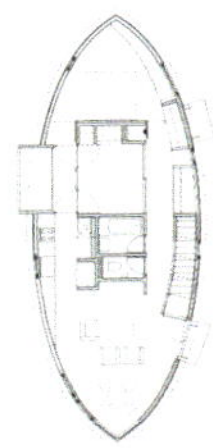

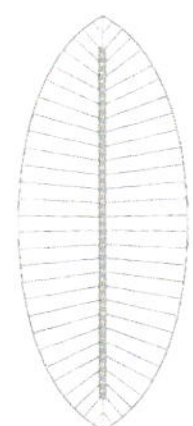

건축가 권문성 **건축주** 임숙희 **위치** 경기도 파주시 탄현면 헤이리 254호 **용도** 주택 **대지면적** 466.00㎡ **건축면적** 188.87㎡ **연면적** 374.06㎡ **건폐율** 40.53% **용적률** 80.27% **층수** 지상3층 **구조** 철근콘크리트 **외부마감** 벽돌, 종석몰탈긁어내기, 방부미송 위 오일스테인, 콩자갈콘크리트 **사진** 문정식
Architect Kwon Moon Sung **Client** Im Sook Hee **Location** 254 Heyri, Tanhyun-myun, Paju-si, Gyeonggi-do, Korea **Use** Residence **Site area** 466.00㎡ **Bldg. area** 188.87㎡ **Gross floor area** 374.06㎡ **Bldg. coverage ratio** 40.53% **Gross floor ratio** 80.27%/ Three stories above ground **Structure** R.C **Exterior finishing** Brick, Scratched small pebble on cement, Oil stain on Pine tree, Pebble on concrete **Photographer** Moon Jeong Sik

집에서 자라는 세 아이는 집 앞으로 흐르는 헤이리 물길과 그 곁의 들꽃과 곤충, 새들의 친구가 될 것이다. 물가로 열려있는 뜰은 음악과 영화, 친구들과 함께하는 대화와 아이들의 떠드는 소리, 벽난로의 온기로 채워질 나눔의 공간과 하나가 된다. 물가를 향한 넓은 2층 발코니는 식당으로 이어지고 침실에선 조금 떨어진 언덕의 능선을 여유롭게 바라볼 수 있다.

Three children in this house will make friends with Heiri brook running by the house, with wild flowers, insects and birds. The music, movies, chat with friends, noise of children, living room filled with warm fireplace unify into garden which is open to the stream. The wide balcony on the second floor facing to the stream runs to the dining room. You can oversee leisurely the ridge of the hill.

Brookside story

개울 옆에서

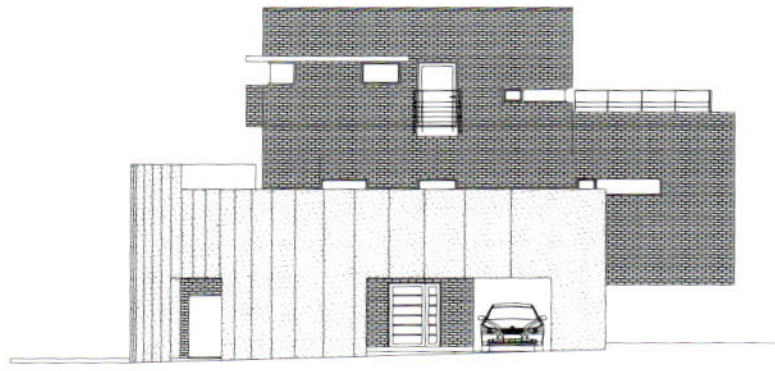

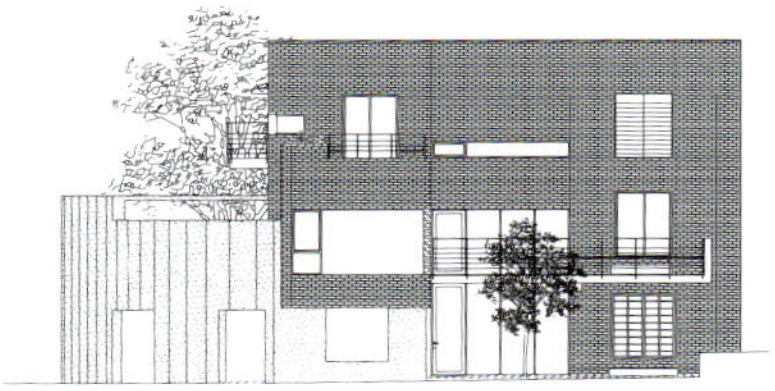

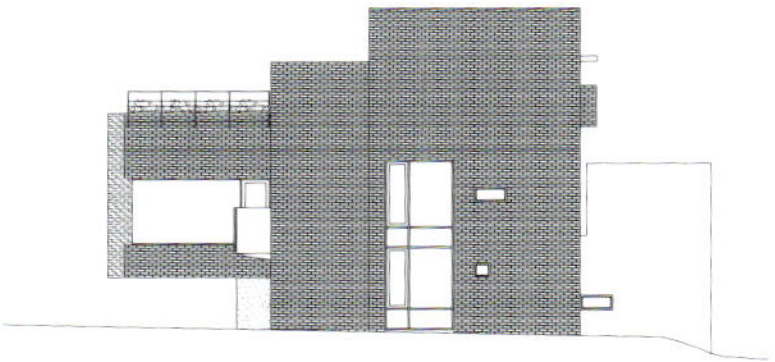

Heyri Micropolis

느 | 티 | 나 | 무 | 골

건축가 김준성+Shop **건축주** 김언호 **위치** 경기도 파주시 탄현면 헤이리 136호 **용도** 근린생활시설, 문화집회시설 **대지면적** 4234.79㎡ **건축면적** 704.25㎡ **연면적** 1697.60㎡ **건폐율** 16.63% **용적률** 24.52% **층수** 지하1층~지상3층 **구조** 철근콘크리트조 **외부마감** 노출콘크리트, 멀바우 위 오일스테인, 시멘트 압축판넬, 복층유리 **사진** 권성혁 **Architect** Kim Jung Sung+Shop **Client** Kim Eoun Ho **Location** 136 Heyri, Tanhyun-myun, Paju-si, Gyeonggi-do, Kore **Use** book gallery+performance hall **Site area** 4234.79㎡ **Bldg. area** 704.25㎡ **Gross floor area** 1697.60㎡ **Bldg. coverage ratio** 16.63% **Gross floor ratio** 24.52%/ One story below ground, Three stories above ground **Structure** R.C **Exterior finishing** Exposed concrete, Clear Coating Merbau wood, CRC Board, Polycarbonate, Pair Glass **Photographer** Kwon Seong Hyeok

헤이리에는 6개의 언덕으로 둘러싸인 자연을 배경으로 새로운 개념의 예술가 커뮤니티의 장으로 디자인된 여러 건축물들이 자리하고 있다. 이곳은 건축적인 경험이 주변환경 속으로 녹아들어간 좋은 예로, 참여건축가들도 아름다운 자연의 한 부분으로서 건축을 어떻게 구현할 것인지에 가장 중점을 두었다. 헤이리는 여러 갈래의 길들이 서로 연결되어 단지 내 이질적인 부분들을 하나로 만들며, 자연스럽게 풍경을 연장한다. 북하우스는 6개의 언덕 중 헤이리의 특징을 가장 잘 설명해 주는 언덕 아래에 부지를 둔 북하우스는 두 부분으로 나누어 계획되었다. 한 곳은 책으로 된 3층 높이의 벽과 램프로 된 수직적인 바와 언덕이 이어져 책을 읽을 수 있는 옥외공간이고, 다른 한 곳은 레스토랑, 퍼포먼스, 전시공간에서 광장 역할을 하는 커다란 홀로 구성했다. 북하우스는 북 바의 축을 이루는 세개층 높이의 벽을 따라 이어진 작은 숲길과 마주하는데, 그 길은 언덕의 울창한 숲의 풍경과 내부공간을 연결한다. 이로 인해 공간과 동선의 유동적인 통로가 만들어지고 다양한 프로그램과 주변의 풍경을 연속하여 경험하게 된다. 만약 경사로 층계참에서 책을 읽는다면 또 하나의 독서공간이 창조되는 셈이다. 그 중 첫 번째 경사로는 콘크리트 옹벽으로 둘러싸인 얕은 물웅덩이가 보이는 아동전용 독서실로 이어져 경사로 벽면에는 픽셀화된 것과 같은 붙박이 책장이 있어 이곳을 통해 외부로부터 빛이 유입되고 가파른 언덕 풍경도 감상할 수 있다. 짙게 물들인 멀바우(Merbau) 나무막대기들을 사용하여 매스를 감싸며 물결치는 듯한 모습을 형성했다.

목재의 이러한 역동적인 밀도 변화는 지붕 위 벤치로까지 이어지는데, 건물 외피와 의자의 구분이 없어진 경사진 표면을 서로 섞여 인공적인 것과 자연적인 것이 이음새 없이 밀접한 관계를 이룬다. 지붕까지 휘어진 목재구조로 된 북하우스는 주변 자연과 어우러져 상징성을 드러내고 헤이리의 경관을 파노라마로 보여줄 것이다.

Book House

북하우스

A primary concern was to make the architecture an extension of the rugged but beautiful landscape.
Located at the base of one of the 6 hills defining the art park, the Hangil book house was conceived as a built landscape. The art park of Heyri is interlaced with roads and paths winding and connecting the disparate parts of the comes into a natural whole. The path becomes an important extension of the landscape blends the experience of the architecture with its natural surrounding. The book house is divided into two distinct zones. The first vertical bar enclosing a 3 story book wall and ramps connects to the outdoor reading space on the hillside and a large hall housing mixed use programs from a restaurant to performance and exhibition space opens to a large plaza. The book house is linked to the surrounding hillside by a wood planked pathway that extends into the building and wraps the three story book wall forming the spine of the book bar. The path forms a continuous line of movement bridging the wooded landscape of the hillside to the interior spaces of the book house, modeling a fluid passage of space and movement and merging a variety of different programs into a seamless sequence of experiences and unfolding views of the surrounding landscape. With thick scrim composed of multiple layers of baleen like strips of dark stained 'ipe' wood, a landscape of benches and inclined surface for reclining have been incorporated to heighten the seamless relationship between the built and the nature.

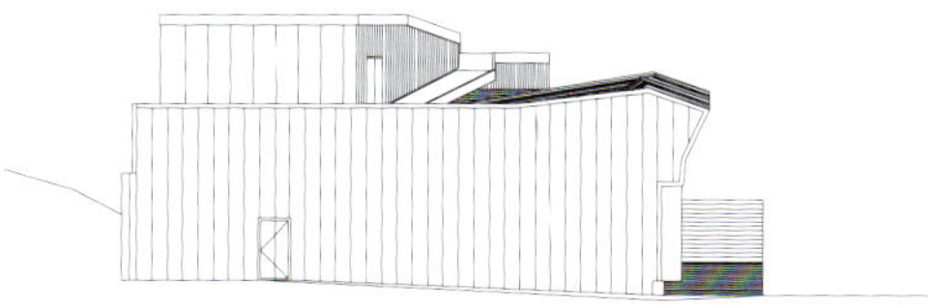

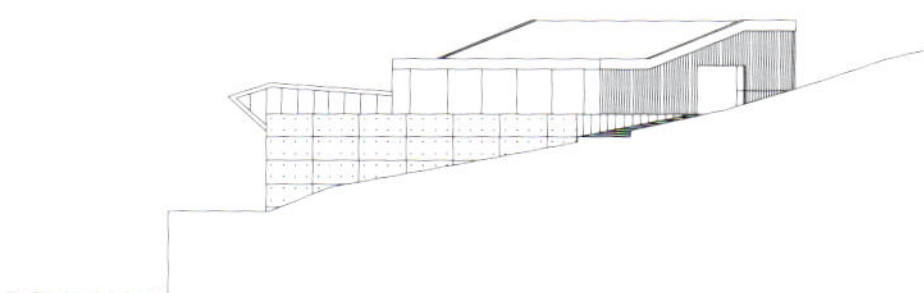

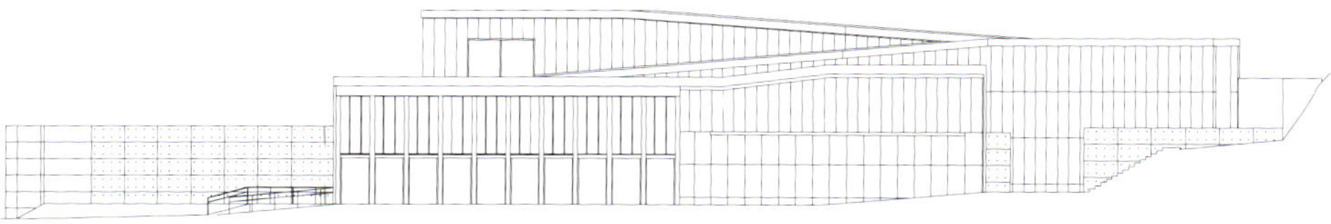

건축가 민선주 **건축주** 황성옥, 이명섭 **위치** 경기도 파주시 탄현면 헤이리 134호 **용도** 문화 및 집회시설(어린이미술관) **대지면적** 1,851.2㎡ **건축면적** 245.52㎡ **연면적** 321.16㎡ **건폐율** 13.26% **용적률** 17.35% **층수** 지상2층 **구조** 철골철근콘크리트조 **외부마감** 노출콘크리트, THK20목재, THK22 복층유리 **사진** 하지권 **Architect** Min Sun Ju **Client** Hwang Sung Ok, Lee Myung Sup **Location** 134 Heyri, Tanhyun-myun, Paju-si, Gyeonggi-do, Korea **Use** Culture & assembly **Site area** 1,851.2㎡ **Bldg.area** 245.52㎡ **Gross floor area** 321.16㎡ **Bldg. coverage ratio** 13.26% **Gross floor ratio** 17.35%/ Two stories above ground **Structure** S.R.C. **Exterior finishing** Exposed Concrete, THK20 wood deck, THK22 pair glass **Photographer** Ha Ji Kwon

모던하고 무던한 공장 무궁무진한 아트팩토리의 미래를 담아야 하는 상자로서, 건축은 중립적 공간의 특성을 최대한 지키면서 앞으로 들어올 아트작품들을 융통성 있게 수용하기 위한 공장과 같은 성격을 지니고자 한다. 건축의 가치와 존재를 최소화하고 건축 주변의 옹벽 자체가 거대한 전시벽면의 역할을 하고자 한다. 어느 작가가 들어오더라도 자유롭게 사용할 수 있는 자유공간을 제공하는 공장의 기본 틀에, 단순함을 덜어 주는 요소로 간단한 가구와 치장된 화장실을 만들었다. 표현을 절제한 전시 공간으로부터 분리된 화장실 내부는 강력한 표현을 대표하는 붉은 색을 사용하였고, 여러 높이에 거울을 붙여서 어린이와 어른이 서로 다른 높이의 거울을 통해 이 공간에서 가장 소중한 오브제로서 자신을 들여다 볼 수 있도록 하였다. 자신의 내면은 화장실 속과 같이 열정적이면서도 조용히 심부름꾼으로, 머물고자 하는 건물이다. 앞으로 이 공간에 들어올 모든 작품들은 혹시 떠나더라도 개개의 흔적을 건물에 남기고 가야할 것이다. 이 무던한 공장은 먼 미래에는 사람들의 흐뭇한 인생 이야깃거리가 많은 장소로 자리 잡고 싶다.

Modern and Mundane Factory
아트팩토리

As a box that has to contain the future of unlimited art activities, the architecture aims to maintaining the characteristics of neutral space to the best of its ability, and possessing a factory-like personality in order to flexibly accommodate the art works that will come in the future. The value and existence of architecture will be minimized, and the retaining walls around it will function as a grand exhibition surface. In a basic factory frame that provides free space that any artist coming in could use freely, simple furniture and decorated washrooms were built to lessen simplicity. The interior of the washrooms, which have been separated from the exhibition space with restrained expression, was painted with red color, and mirrors of various heights were installed so children and adults could, by looking into those different mirrors, see themselves as the most important objects in this space. The building, while its inner character is passionate like the interior of the washrooms, strives to remain as a quiet messenger. In the future, all the art works coming into this space would leave their marks behind as a part of this building when they shuld leave the building. In the distant future, this mundane factory hopes to become a place with many happy life stories of people.

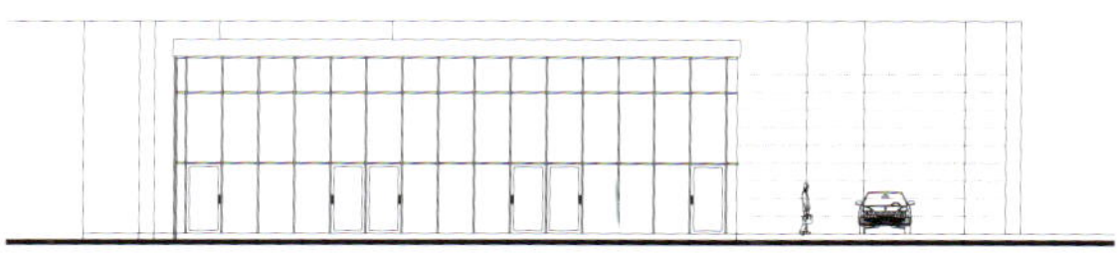

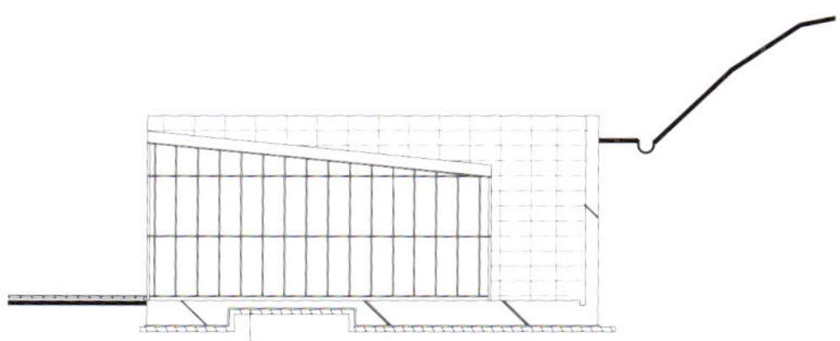

건축가 임재용 **건축주** 박유나, 정광현 **위치** 경기도 파주시 탄현면 헤이리 206호 **용도** 근린생활시설, 주택 **대지면적** 544.5㎡ **건축면적** 271.7㎡ **연면적** 501.76㎡ **건폐율** 49.8% **용적율** 90.2% **층수** 지상3층 **구조** 철근콘크리트조 **외부마감** CRC보드, 외장용합판, 노출콘크리트 **사진** 하지권
Architect Lim Jae Yung **Client** Park Yoo Na, Chung Kyung Hyung **Location** 206 Heyri, Tanhyun-myun, Paju-si, Gyeonggi-do, Korea **Use** Commercial building, Residence **Site area** 544.5㎡ **Bldg. area** 271.7㎡ **Gross floor area** 501.76㎡ **Bldg. coverage ratio** 49.8% **Gross floor ratio** 90.2%/ Three stories above ground **Structure** R.C. **Exterior finishing** CRC board, exterior plywood, exposed concrete **Photographer** Ha Ji Kwon

전체 속에 녹아드는 풍경.
삶의 풍경.
빛.
흐름.
투명도가 달라지는 공간.
이러한 풍경을 담을 수 있는 틀을 던져 놓고 싶었다.
Scenes melting into its surroundings
Scene of life
Flow
Space of varying transparency
UNA S.S.C is the frame to hold all the scenes.

UNA
유나

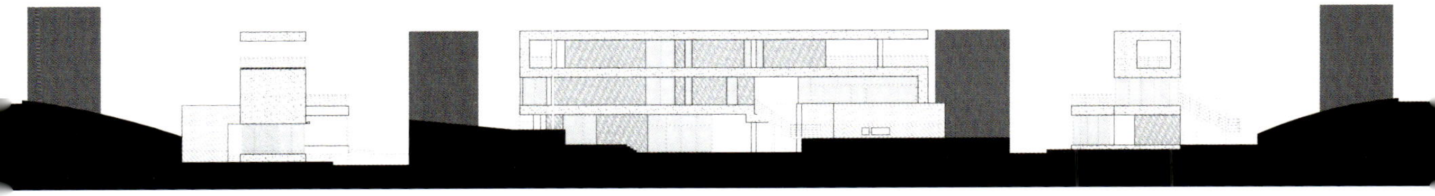

UNA Craft

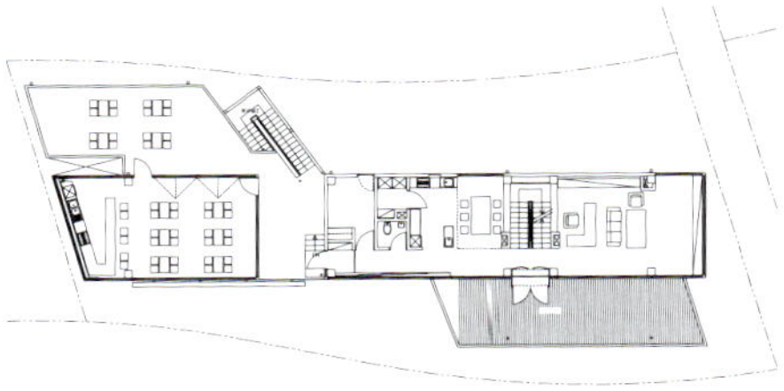

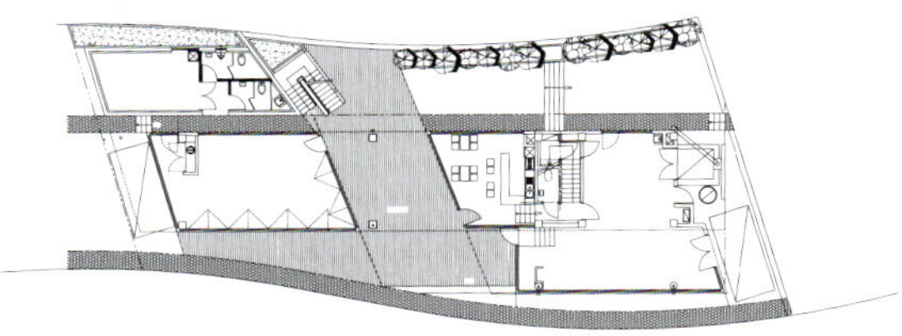

건축가 김준성 **건축주** 이명환, 황경희 **위치** 경기도 파주시 탄현면 헤이리 132호 **용도** 근린생활시설, 주택 **대지면적** 1,263.36㎡ **건축면적** 222.46㎡ **연면적** 424.91㎡ **건폐율** 17.62% **용적률** 22.75% **층수** 지하1층~지상3층 **구조** 철골철근콘크리트 **외부마감** 노출콘크리트, 모아비 위 오일스테인, 복층유리 **사진** 하지권 **Architect** Kim Jung Sung **Client** Lee Myung Hwan, Hwang Kyung Hee **Location** 132 Heyri, Tanhyun-myun, Paju-si, Gyeonggi-do, Korea **Use** Mixed-use building, Residence **Site area** 1,263.36㎡ **Blde. area** 222.46㎡ **Gross floor area** 424.91㎡ **Bldg. coverage ratio** 17.62% **Gross floor ratio** 22.75%/ One story below ground, Three stories above ground **Structure** R.C **Exterior finishing** Exposed concrete, Water painting on gypsum board, Flat laquer on white birch plywood **Photographer** Ha Ji Kwon

헤이리 건축지침이 정한 경사지 패치 내 포디움 유형(podium type)에 속한 건물이다. 지침이 밝히는 바와 같이 1층의 지붕은 좌우필지들과의 수평적 연결을 꾀하고 있으며 크게 땅에 접하는 하부와 포디움 위에 떠 있는 상부구조로 형성되어 있다. 하부는 대지의 경사도를 받아들이기 위한 단단한 (solid)재료의 벽들로 구성되며 그 자체로 건물의 입면을 형성하고, 상부는 이와 다르게 켄틸레버 철골구조 위에 목재 solid로 서로 대비되는 형상으로 계획되었다.

Porcelain Studio

포슬린하우스

This is 'a podium type building' categorized by the Heyri Construction Code standing on a typical slope. Just like the Heyri Construction Code recommends, roof of the building is designed for horizontal connection with neighboring sites. The building is mainly composed of the lower part sitting on the earth and the upper part floating over the podium. The lower part is composed of walls with solid material to accept slant of the site. As a result of that composition, the elevation itself was drawn. Different from the lower part, the upper part is like a wooden solid box on cantilevered steel structure so that it is in contrast with the lower part.

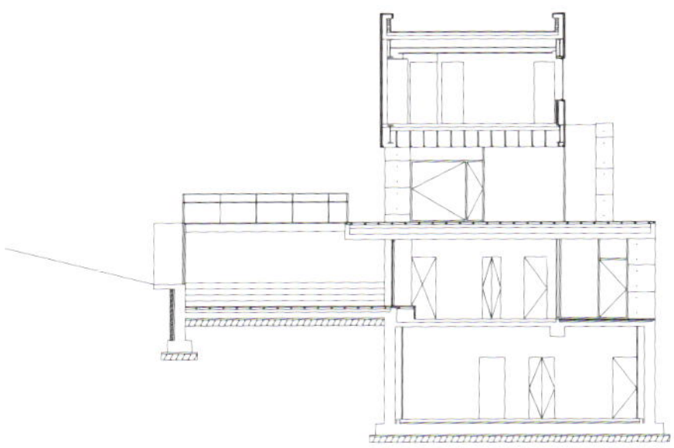

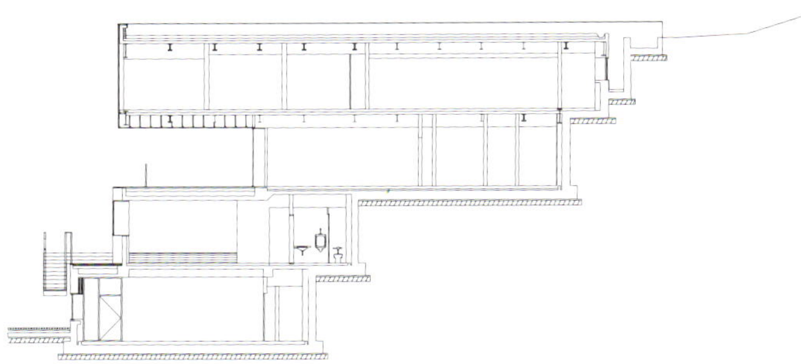

건축가 헬렌박 **건축주** 이정규, 정건수 **위치** 경기도 파주시 탄현면 헤이리 214호 **용도** 주택, 근린생활시설 **대지면적** 395.7㎡ **건축면적** 115.28㎡ **연면적** 314.54㎡ **건폐율** 29.13% **용적률** 79.49% **층수** 지상3층 **구조** 철근콘크리트조 **외부마감** 노출콘크리트, 칼라강판 **사진** 하지권 **Architect** Helen Ju-Hyun Park **Client** Yi Jung Gyu, Jung Kun Soo **Location** 214 Heyri, Tanhyun-myun, Paju-si, Gyeonggi-do, Korea **Use** Commercial building, Residence **Site area** 395.7㎡ **Bldg. area** 115.28㎡ **Gross floor area** 314.54㎡ **Bldg. coverage ratio** 29.13% **Gross floor ratio** 79.49%/ Three stories above ground **Structure** R.C **Exterior finishing** Exposed Concrete, Color Metal Sheet **Photographer** Ha Ji Kwon

부지의 주변은 현재 헤이리에서 밀도 높게 시공되는 지역중의 하나로, 완공된 건물이 들어찬 도시의 조건을 형성하고있다. 패치로 연결된 G15,16 건축물의 연장선에 놓이며, 경사지에 지어지는 G18, G19 건축물과 서로 바라보고 있다. 북쪽에서 내려오는 대로에서 첫 시선을 받기 때문에 공용주차장과 더불어 남쪽입면이 정면으로 인식되나, 진입은 지침에 의하여 북쪽의 소로에서 이루어져야만 했다. 이러한 향의 반전이 공공의 공간과 사적인 공간의 배치에서도 계속 일어났다. 사적인 데크 공간이 북쪽에서 내려다보는 시선을 피하여 남쪽으로 배치되었으나 공적인 '정면'을 규정하는 요소가 되었고, 북쪽의 입면은 사택으로 가는 현관, 그리고 계단과 Shop의 진입이 엮어지면서 소로를 면하는 입면을 이루었다. 패치의 좁은 폭과 이러한 반전의 현상이 풀어지면서 본 설계는 진행되었고, 뚜렷한 건물의 진입과 수직, 수평동선은 공간과 프로그램을 인지하는 구조로 강조되었다. 좁고 높이 올라간 2, 3층의 주거를 위하여 안방과 거실의 연장으로 사용, 인식가능한 Deck를 디자인하였고, 그 공간들이 하나로 엮이면서 사택에 넣어주는 바람과 햇볕의 여유를 생각하였다.

Craft Shop and Residence

이정규장신구

The site lies in the most developed area in Heyri where the urban condition is evident. The 'patch' line already had G-15 and 16 built; the buildings G-18 and 19 were under construction right across a road. G-17 becomes the first building to be noticed as one descends the road from the north; the southern elevation along with the public parking appears to be the main entrance to the building. However, the design code mandates that one enters from the small back road. This reversal appears again and again in the private/public relationship in the building program. The private deck was placed in the south away from the possible view from the neighbors in the north; it became a critical element in forming the public facade of the building. The north facade reflects the private entry to the residence and hidden entry to the studio along with the public entry to the main shop. The extremely narrow patch dimension and this reversal of public and private became the main challenge and thus the driving force behind the design.

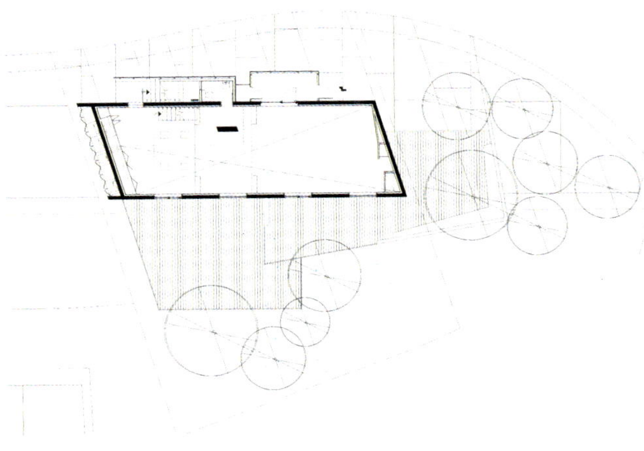

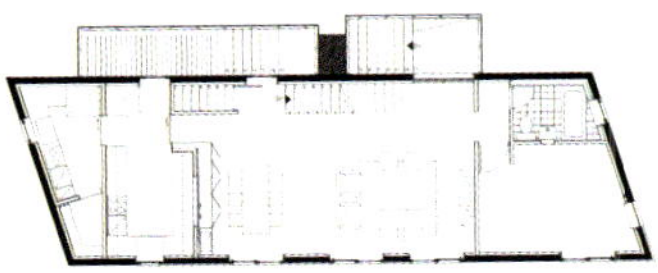

건축가 조병수 **건축주** 황인용, 권영자 **위치** 경기도 파주시 탄현면 헤이리 129, 130호 **용도** 주택, 근린생활시설 **대지면적** 1,338㎡ **건축면적** 549.03㎡ **연면적** 917.54㎡ **건폐율** 41.03% **용적률** 68.58% **층수** 지상3층 **구조** 철근콘크리트조, 목재 슬러브 **외부마감** 노출 콘크리트, 적송 위 오일스테인 **사진** 하지권 **Architect** Jo Byung Soo **Client** Hwang In Yong, Kwon Young Ja **Location** 129, 130 Heyri, Tanhyun-myun, Paju-si, Gyeonggi-do, Korea **Use** Mixed-use facility **Site area** 1,338㎡ **Bldg. area** 549.03㎡ **Gross floor area** 917.54㎡ **Bldg. coverage ratio** 41.03% **Gross floor ratio** 68.58%/ Three stories above ground **Structure** R.C, Wood slab **Exterior finishing** Exposed concrete, Oil stain on red-pine wood siding **Photographer** Ha Ji Kwon

분리된 두 매스는 주택과 음악감상실이라고 하는 서로 다른 영역들을 시각적으로 극명하게 구분하고자 하는 의도였다. 이러한 의도를 바탕으로 자연스럽게 남북을 축으로 하여 주요 흐름을 담아내는 사이공간을 만들었다. 이것은 더 나아가 땅과 공간의 관계를 더욱 적극적으로 만들어 주었다. 건물의 길이 방향을 따라 완만하게 올라 2층 수정원에 이르러 그 시선의 방향을 돌리면, 두 매스 사이의 수정원 안으로 하늘과 멀리 펼쳐진 산을 바라다 볼 수 있다. 가능한 가장 단순한 박스를 만들어야겠다는 의도를 지키기 위해서, 주택과 음악감상실 매스를 이어가는 전면에 철제 스크린을 이용했다. 철제 스크린의 사용으로 완벽하게 단순한 박스의 모습을 실현할 수 있었다. 아울러, 우덥지근한 한국의 여름날씨에 남측면을 바라보며 단독으로 서있는 철제 스크린 위로 녹색의 담쟁이가 자리 잡으면, 주책과 수정원으로 드리워지는 뜨거운 여름 햇살을 막아주고 시원한 그늘을 만들 것이다.

Camerata Music Studio

카메라타음악감상실

This music studio is placed on a sloping hill in a suburb of Seoul, near the North Korean border. The project contains two distinctively different programs. One is a residence for a small family and the second one is a L.P. music listening space. The client has a great collection of old LP's of 20th century American music and he listens to them with 1930's antique stereo equipment, mostly from the US. Once a nationally favored anchorman of Korea, he is preparing to retire and go back to his hometown area to rest and enjoy the rest of his life with his wife and music. The music listening studio is to be open to the general public or "whoever loves music." The design inspiration for this project was a Montana barn in the way that the space evokes such a basic emotion.

The clients were quite spiritual with regards to their listening taste and philosophy. In relating to me how much they loved the movie "A River Runs Through It", I told them of my love of Montana barns. I related how the barns are tall inside with limited windows and how light penetrates dramatically into the tall, dark, quiet spaces. We decided to listen to music in that kind of space would be thrillingly spiritual. Maintaining the interior simplicity and keeping the elongated rectilinear space as pure as possible without columns or beams were also important concerns for this music listening studio. To accomplish this, a large wooden platform constructed of sandwiched 2x12's was suspended from the ceiling of the concrete structure.

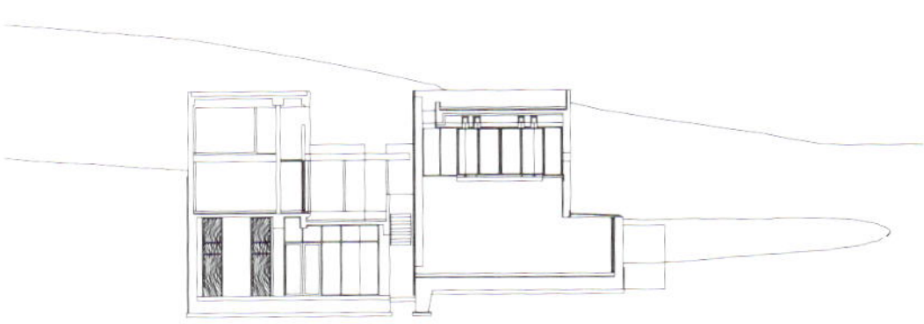

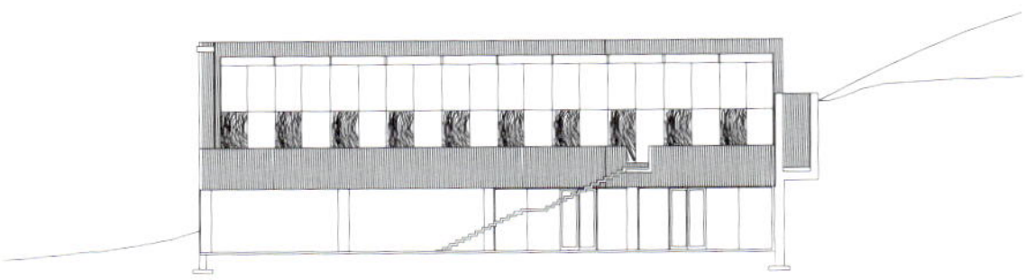

건축가 최문규 **건축주** 정지태, 손진희 **위치** 경기도 파주시 탄현면 헤이리 572호 **용도** 근린생활시설 **대지면적** 754.4m² **건축면적** 122.67m² **연면적** 476.32m² **건폐율** 17.61% **용적률** 63.14% **층수** 지상3층 **구조** 철골철근콘크리트조 **외부마감** T24 반사복층유리, T12 강화유리 **사진** 문정식 **Architect** Choi Moon Gyu **Client** Choung Ji Tae, Shon Jin Hee **Location** 572 Heyri, Tanhyun-myun, Paju-si, Gyeonggi-do, Korea **Use** Commercial building **Site area** 754.4m² **Bldg. area** 122.67m² **Gross floor area** 476.32m² **Bldg. coverage rati** 17.61% **Gross floor ratio** 63.14%/ Three stories above ground **Structure** S.R.C **Exterior finishing** pair glass, THK24, tempered glass, THK12 **Photographer** Moon Jung Shik

대지는 헤이리를 나누고 있는 다섯 개의 봉우리 중에서 높고 울창한 숲으로 가리워진 급한 경사지로 저 멀리 산 너머로 지는 해를 바라보기 더할 나위 없이 좋은 장소이다.

정한숙 선생님의 기념관으로 지어지는 이 건물은 여러 레벨을 바탕으로 부여된 기능을 배치하고 관심은 주변 환경으로 이어져 자연과 함께 공존하는 방법에 대한 생각에서 시작되었다. 포디움에 기념관 기능이 배치되면서 급한 경사지는 튼튼한 기초를 얻고 먼 곳에서 바라봐도 건물이 자연 속에 묻히도록 했다.

2층은 가느다란 철재 멀리언(50×150)이 기둥 역할을 하고 투명 강화유리로 구획하여 건물의 내부와 외부 자연의 시각적 경계를 최소화 하는데 중점을 두었다. 슈퍼미러 스테인레스로 감싼 멀리언은 조각난 외부의 풍경을 내부로, 내부의 모습을 외부로 반사되어 경계 흐리기 도구로 사용했다. 최소 크기의 부재만으로 틀을 만들기 위한 노력은 미리 미터의 치열한 싸움으로 시작되어 엄격한 설계지침처럼 공사 끝까지 괴롭혔다.

3층의 주거부분은 반사 복층유리로 자연 속에서 반사된 자연을 담아 시간과 자연의 움직임이 반영되는 모조된 자연을 보여 주려했다. 프라이버시를 고려한 내부의 슬라이딩 도어는 한낮에는 자연을 반영하고 한밤에는 외부를 규제하는 이중 장치역할을 한다.

유리가 가지고 있는 양면적 성격(반사, 투과)을 모두 이용하여 2층은 맑고 투명한 유리가 자연을 있는 그대로 투과시키고 3층은 낙엽이 지고 해가 뜨고 달이 지고 있음을 인식시키는 도구로 반사유리가 사용되어 마치 풍경은 구름처럼 떠다니기도 하고 자연 속으로 들고 나기도 한다.

Hansook Chung Memorial

정한숙기념홀

On a hill, this small Memorial Hall functions as a reflector of the nature around it. The program of the building consists of three parts. Although the hall seated on the steep slope is a major space, it is not perceived from the back street. Merging into the land with heavy exposed concrete, it functions as a podium of the whole building. This space is the hall for conferences. A structure of quite light weight is standing on the top of the heavy mass. The second floor is like a transparent glass box which will be used as a space of a rest room and a tearoom. The upper floor wrapped with reflective glasses has two bedrooms on it as well as a living space. Seen from the distance, the building hides itself with the reflected images around it. And as one moves toward the building, it changes the scene with the movement of the observer. The ever changing movement and the nature in different times are captured in the floating mirror in both sides. To make the second floor transparent as much as possible, there are no big columns supporting the upper floor. Instead, small mullions like small custom made steel pipes are used. Wrapped with super mirror finishing of stainless steel plates, the mullions also reflect the nature and dematerialize themselves. The whole process of the project was to minimize the boundary between the artificial and the nature with real artificial material-glass and mirror.

건축가 최두남 **건축주** 박관순 **위치** 경기도 파주시 탄현면 헤이리 579호 **용도** 근린생활시설, 주택 **대지면적** 1,292.60㎡ **건축면적** 568.90㎡ **연면적** 773.80㎡ **건폐율** 44.01% **용적률** 59.86% **층수** 지상3층 **구조** 철근콘크리트조 **외부마감** 투명복층유리THK22, 노출콘크리트 **사진** 하지권
Architect Choi Du Nam **Client** Park Kwan Soon **Location** 579 Heyri, Tanhyun-myun, Paju-si, Gyeonggi-do, Korea **Use** Commercial building, Residence **Site area** 1,292.60㎡ **Bldg. area** 568.90㎡ **Gross floor area** 773.80㎡ **Bldg. coverage ratio** 44.01% **Gross floor ratio** 59.86%/ Three stories above ground **Structure** R.C **Exterior finishing** Transparent pair glass, Exposed concreted **Photographer** Ha Ji Kwon

대지는 헤이리를 관망 할 수 있는 상부에 위치한 400평에 가까운 땅으로서 경사진 산기슭에 자리잡고 있다. 경관은 서쪽으로 틔어 있으므로 배치에 있어 남향과의 절충이 필요한 상황이다.
건물의 Program은 크게 나누어 주택과 전시시설이다. 주택역시 추후에 주거시설 이외의 다용도 목적으로 쓰일 수 있는 여지가 있도록 설계 의뢰를 받은 상황에서 내외 동선의 원활함과 가변성이 용이한 매스 설정이 중요한 Issue로 부각되었다. 이러한 관점에서 주거와 전시시설이 각각의 독립성을 유지하되 상황에 따라 연계성을 가질 수 있도록 외부 공간이 서로의 Connector의 역할을 할 수 있도록 배려 하였다. 매스 설정에 있어서는 수평적으로 펼쳐져 있는 대지의 장축을 최대한 살리고자 하는 의도에서 대지를 가로지르는 수평적 매스를 하부에 앉히고 또한 대지의 경사진 산기슭 좌 우측에 동서 방향으로 대지를 파고드는 수직적 매스를 배치하였다. 그리하여 산이라는 큰 흐름과 대지 자체의 국부적인 지세를 동시에 반영하려는 노력을 하였다.

The site of about 1,300m2 sitting on slope overlooks the Heyri Art Valley. View to the west is open and it was needed to adjust the site plan to the southern direction. Main program of the building is divided into two parts; residence and exhibition. Under the condition that the residential space should be flexible for the convert into the other uses, it was important to make the flow smooth between interior and exterior spaces. To design flexible mass was also one of the other important problems to solve.

HAS Ⅲ

하스 Ⅲ

In these conditions, exterior space was designed to play a role as a connector so that the residential space and the exhibition space could be linked together yet independent from each other. In mass design, with intent to make use of the site's major axis spreading horizontally, horizontal mass which crosses the site is set on a lower part. Vertical mass which is inserted into the site in east and west direction is set on both right and left side of the slope. So, major flow of the slope and partial topography of the site were the key elements to be reflected on the design.

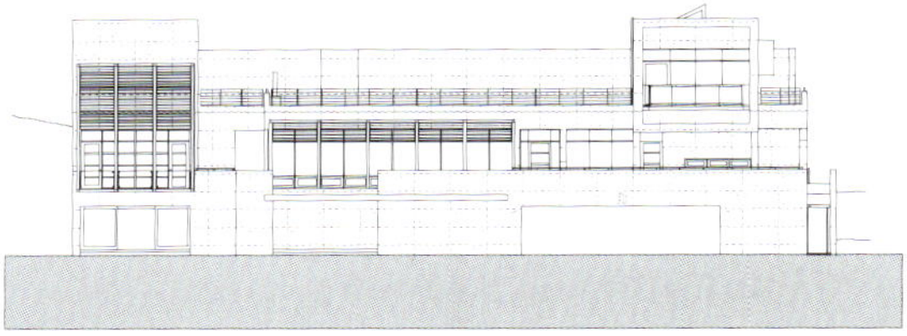

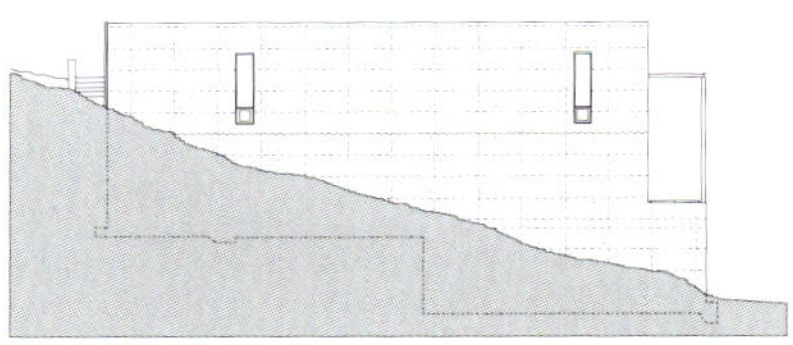

건축가 최승원 **건축주** 한향림, 이정호 **위치** 경기도 파주시 탄현면 헤이리 577호 **용도** 갤러리 **대지면적** 934㎡ **건축면적** 230㎡ **연면적** 413㎡ **건폐율** 25% **용적률** 44% **층수** 지상2층 **구조** 철근콘크리트조 **외부마감** 티타늄, 적삼목 **사진** 오인규(52p, 53p우하), 박광춘(53p상·좌하) **Architect** Choi Seung Won **Client** Han Hyang Lim, Lee Jung Ho **Location** 577 Heyri, Tanhyun-myun, Paju-si, Gyeonggi-do, Korea **Use** Gallery **Site area** 934㎡ **Bldg. area** 230㎡ **Gross floor area** 413㎡ **Bldg. coverage ratio** 25% **Gross floor ratio** 44%/ Two stories above ground **Structure** R.C **Exterior finishing** Titanium, Wood **Photographer** Oh In Kyu, Park Kwang Choon

외부에 사용된 티타늄의 은빛과 초콜릿 빛깔의 나무를 주조 톤으로 하여, 단아하면서도 정돈된 느낌으로 갤러리의 자연스러운 이미지를 연출하고자 하였으며, 동시에 나무의 따뜻한 색채 톤을 이용하여 티타늄이라는 금속재의 차가운 이미지를 완화시키는데 중점을 두어 갤러리를 찾는 사람들의 편안함을 유도하고자 하였다. 공간적인 특징으로는 도예전시를 주로 할 공간이라는 점을 염두하여, 도자기의 곡선과 같이 자연스러운 형태의 건축미를 추구하였으며, 2층에서는 지붕을 유리로 하여 채광의 유입을 증대시킴은 물론, 외부경관을 끌어들이고 헤이리 전체를 조망할 수 있는 구도로 설계되었다.

Using silver color of titanium and chocolate color of wood as major tones of exterior materials, it was aimed to express the simply arranged image of the gallery. With the soft tone of wood at the same time, it was also aimed to ease somewhat the cool image of metal material and accordingly lead to make visitors comfortable.

As space characteristics, the architectural beauty of natural form such as circular line of ceramics was pursued considering that this space is for the exhibition of ceramics. on the 2nd floor, selecting glasses as roof material, it was designed to utilize sunlight, bring exterior landscape inside the building and overlook the whole landscape of Heyri Artvalley.

Hanhyanglim Gallery

한향림갤러리

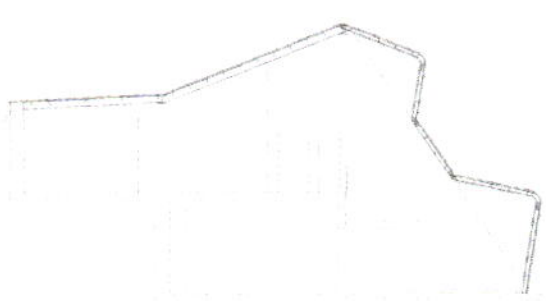

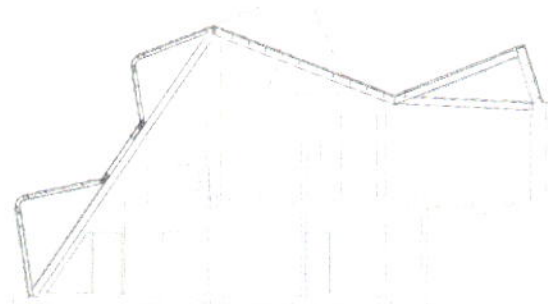

건축가 김기환 **건축주** 황수민, 김기환 **위치** 경기도 파주시 탄현면 헤이리 216, 217호 **용도** 주택, 근린생활 **대지면적** 461.40㎡ **건축면적** 158.75㎡ **연면적** 373.61㎡ **건폐율** 34.41% **용적률** 80.97% **층수** 지하1층~지상3층 **구조** 철골철근콘크리트조 **외부마감** THK6 강판, THK 24복층유리, 지정방부목 마감 **사진** 김기환 **Architect** Hwang Su Min, Kim Kee Hwan **Client** Hwang Su Min **Location** 216, 217 Heyri, Tanhyun-myun, Paju-si, Gyeonggi-do, Korea **Use** Residence, Commercial building **Site area** 461.40㎡ **Bldg. area** 158.75㎡ **Gross floor area** 373.61㎡ **Bldg. coverage ratio** 34.41% **Gross floor ratio** 80.97%/ One story below ground, Three stories above ground **Structure** S.R.C **Exterior finishing** steel panel, pair glass, Treated Lumber **Photographer** Kim Kee Hwan

헤이리는 서로 다른 문화적, 사회적 배경을 갖는 예술인들로 구성된 문화마을이다. 사람들의 욕망과 현실을 잇는 매개체로서 '예술'을 선택한 각각의 '범주'를 '계(界)'라 부른다.

'K-SPACE'는 이런 '계(界)의 공간'이 작은 복합 문화공간으로 형상화된 케이스에 속한다. 1층 필로티 부분의 야외 전시장, 작은 숍(shop), 2층의 전시 혹은, 아트 숍, 3층의 오피스 및 주말 주거부분으로 구성된다.

Heyri Art Valley is the cultural village consists of Artists with different backgrounds. I call 'the category a boundary in which people select ART as intermediation between desire and reality. 'K-SPACE' is one of the cases which is configured with a small art complex. It is composed with an open-air exhibition and small shop at pilotis, a gallery or an Art shop on the 2nd floor, an office or a weekend residence on the 3rd floor.

K-Space

K-스페이스

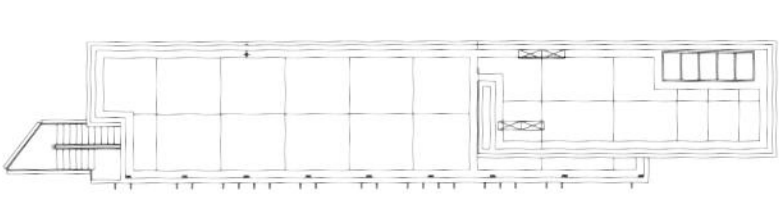

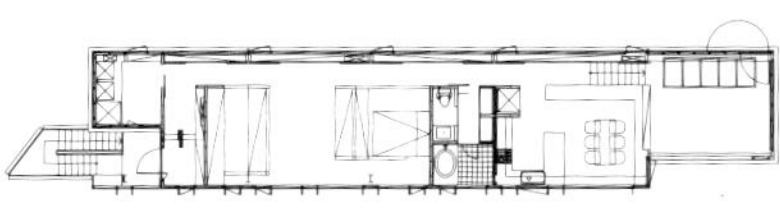

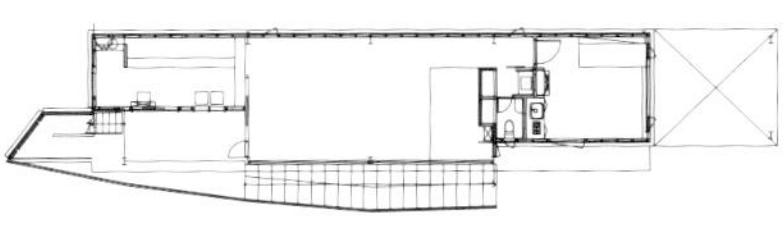

건축가 최삼영 **건축주** 서일하, 서재성 **위치** 경기도 파주시 탄현면 헤이리 235호 **용도** 근린생활시설 **대지면적** 955.30㎡ **건축면적** 294.47㎡ **연면적** 859.77㎡ **건폐율** 30.82% **용적율** 65.93% **층수** 지하1층~지상3층 **구조** 철근콘크리트조 **외부마감** 노출콘크리트, T:18 시더사이딩 **사진** 하지권
Architect Choi Sam Young **Client** Seo Il Ha, Seo Jae Sung **Location** 235 Heyri, Tanhyun-myun, Paju-si, Gyeonggi-do, Korea **Use** Mixed-use facility **Site area** 955.30㎡ **Bldg.area** 294.47㎡ **Gross floor area** 856.53㎡ **Bldg.converage ratio** 30.89% **Gross floor ratio** 65.59%/ One story below ground, Three stories above ground **Structure** R.C **Exterior finishing** Exposed concrete, T:18 Cedar siding **Photographer** Ha Ji Kwon

헤이리 단지의 중심인 갈대광장에 면해있는 이 대지는 뒤편에 산이 병풍처럼 펼쳐져 있고 아주 오래된 나무 한그루가 세월의 풍파를 견디고 서있다. 이 건물은 화랑, 카페, 사무실, 주택으로 이루어져 있다.
먼저 mass를 2열로 구성하고 그 사이를 순환하게 함으로서 중정을 품게 되었다. 여기에 양쪽 mass와 중정을 가로질러 열림과 닫힘, 자연과 인공을 순차적으로 느낄 수 있는 bridge를 갈대 광장으로 뻗어가게 만들고 그 하부에 갈대광장과 뒤편의 산을 직접적으로 연결시키는 통로를 두어 비로서 대지의 힘을 살리고 이중의 순환로를 가질 수 있도록 하였다. 마감은 목재와 노출콘크리트를 대비되게 사용함으로서 가벼움과 무거움, 따뜻함과 차가움을 조화롭게 느낄 수 있도록 구성하여 단조로움을 피하고 건물이 뒤편의 산과 전면의 갈대광장을 차단하는 것이 아니라 서로의 존재를 확인할 수 있도록 수직, 수평으로 분절하였다.
이로서 중정은 고립되어 있는 것이 아니라 각기 서로 다른 공간을 수직으로 연결하며 하늘과 소통하고 산과 갈대광장이 수평으로 이어져 생동감과 활력을 갖게 하였으며 단순한 mass속에 켜를 형성하는 깊이 있는 공간 그리고 자연과 인공의 건물이 서로 소통할 수 있는 열린 공간이 되도록 노력하였다.

Touch Art
터치아트

Bordering on the reed square which is the center of Heyri complex, this site has a screen-like mountain outstretching at the back, and there stands quite an old tree tolerating the wind and waves of time. The building is composed of a gallery, a cafe, an office and residential spaces. First of all, two connected rows of the building structure have created a courtyard embosomed by the mass of the buildings.
And the bridge crossing both sides of thebuilding over the courtyard guides you into the open and closed, natural and artificial spaces one after another. It was not until a thoroughfare runs under the bridge which directly connects the reed square and the mountain that the site becomes empowered and has duplicated connecting passages.
The building mass with the effective contrast of wood against exposed concrete brings out the feeling of light and heavy, warm and cold harmoniously. The building is divided vertically and horizontally, not blocking the mountain at the back from the reed square at the front, but identifying the existence of them.
By vertically connecting each space and communicating with the sky, and by horizontally connecting the mountain to the reef square, the courtyard is not an isolated space anymore but becomes full and vibrant with life.
My effort was dedicated to build the profound space formed with multiple layers in a simple mass, and the open space enabling the Mother Nature and a man-made building to communicate each other.

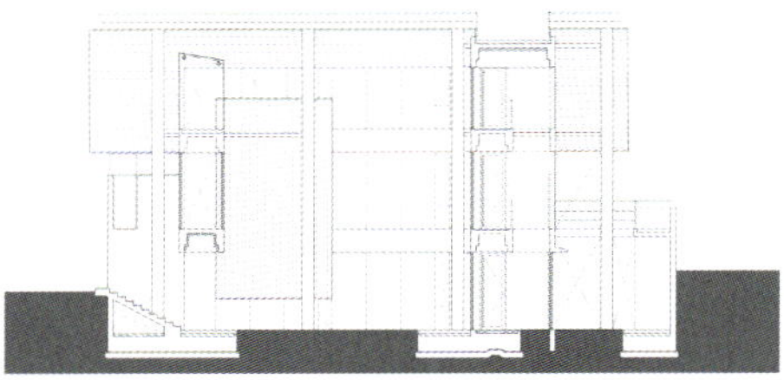

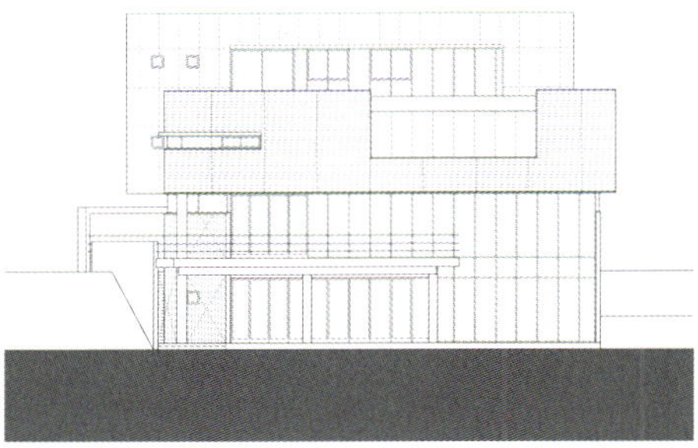

Heyri Micropolis

밤 | 나 | 무 | 골

건축가 우경국 **건축주** A주택-김학진, 박종옥, B주택-최충식, 박종애, C주택-김성해, 박종설 **위치** 경기도 파주시 탄현면 헤이리 465, 466, 586호 **용도** 주택, 작업실 **대지면적** A주택-404.90㎡, B주택-346.20㎡, C주택-336.60㎡ **건축면적** A주택-128.52㎡, B주택-128.52㎡, C주택-128.52㎡ **연면적** A주택-221.24㎡, B주택-221.24㎡, C주택-221.24㎡ **건폐율** A주택-31.74%, B주택-37.12%, C주택-38.18% **용적률** A주택-54.64%, B주택-63.91%, C주택-65.73% **층수** 지상2층 **구조** 철근콘크리트조 **외부마감** 노출콘크리트, 징크 **사진작가** 우경국 **Architect** Woo Kyung Kook **Client** A House-Kim Hack Jin, Park Jong Ok, B Hosue-Choi Chung Sik, Park Jong Ah, C House-Kim Sung Hae, Park Jong Sul **Location** 465, 466, 586 Heyri, Tanhyun-myun, Paju-si, Gyeonggi-do, Korea **Use** Residence, Workstudio **Site area** A House-404.90㎡, B House-346.20㎡, C House-336.60㎡ **Bldg. area** A House-128.52㎡, B House-128.52㎡, C House-128.52㎡ **Gross floor area** A House-221.24㎡, B House-221.24㎡, C House-221.24㎡ **Bldg. coverage ratio** A House-31.74%, B House-37.12%, C House-38.18% **Gross floor ratio** A House-54.64%, B House-63.91%, C House-65.73%/ Two stories above ground **Structure** R.C. **Exterior finishing** Exposed concrete, Titanium alloied zinc **Photographer** Woo Kyung Kook, Ha Ji Kwon

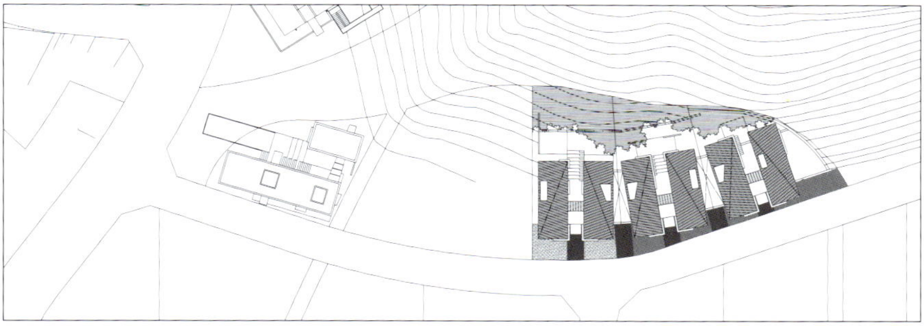

Three Sisters House

세자매주택

이 주택은 헤이리 게이트 하우스(Gate house) 내에 건축된 주거 건물로 세자매가 공동주택형식과 단독주택형식을 혼용한 방법으로 건립되는 매우 특수한 경우의 주택으로 1층은 작업실과 서재, 게스트 룸을 배치하였고 2층은 거실영역과 침실 영역을 분리하고 그 사이에 작은 마당으로 구성된 공간 개념의 집이다. ※ Gate house는 단지 내 단독주택지역을 말함.

This is a residential building constructed in the Gate House area at the Heyri Art Valley; The row house style will be combined with the detached house style for this very special house for three sisters. Studios and guest houses are built on the first floor and privacy prevails on the second floor; It is programmed to separate living space from sleeping zone, being linked smoothly with the MADANG space.

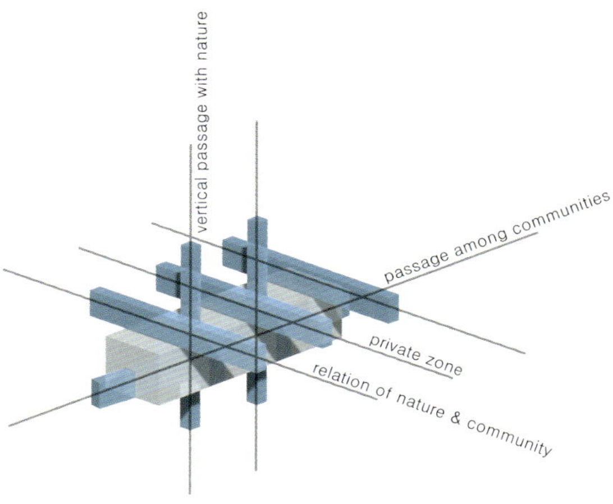

건축가 서혜림+김준성 **건축주** 박종일, 정옥환 **위치** 경기도 파주시 탄현면 헤이리 459호 **용도** 주택 **대지면적** 564.90m² **건축면적** 162.92m² **연면적** 327.31m² **건폐율** 28.84% **용적율** 38.97% **층수** 지하1층~지상2층 **구조** 철골철근콘크리트조 **외부마감** 복층접합유리THK28, 송판무늬노출콘크리트 **사진** 하지권 **Architect** Suh Hai Lim+Kim Jung Sung **Client** Park Jong Ll, Jeong Ok Hwan **Location** 459 Heyri, Tanhyun-myun, Paju-si, Gyeonggi-do, Korea **Use** Residence **Site area** 564.90m² **Bldg. area** 162.92m² **Gross floor area** 327.31m² **Bldg. coverage ratio** 28.84% **Gross floor ratio** 38.97%/ One story below ground, Two stories above ground **Structure** S.R.C **Exterior finishing** T28 pair glass, Exposed concrete **Photographer** Ha Ji Kwon

게이트하우스 지역에 위치한 본 대지는 세 개의 산 사이의 골짜기에 위치한다. 대지는 완만한 경사를 가지고 울창한 숲을 마주하고 있으며, 남서쪽으로는 테마광장이 자리하고 있다. 선큰과 필로티를 통해서 전면의 숲과 후면의 녹지를 건물 안으로 받아들인다.

경사로를 따라 서서히 진입하면, 떠있는 경사로와 큰 선의 서로 다른 공간감을 느끼며 책장의 고조를 따라 집 안으로 들어서게 된다.

건축주가 소장하고 있는 책이 만여 권에 달하므로 그것을 한 장소에 집중시키기 보다는 책을 담는 책장 자체가 집을 이루는 구조체가 되어 1층과 2층을 연결시키며 내부의 열린 공간들을 구획하고 안내하는 역할을 하게 된다. 가족실에서 보여지는 산은 책장과 중첩되어 인지되며, 하나의 흐름으로 연결된 책장은 집안 곳곳에서 책을 접할 수 있게 해주고 책을 통해 가족간에 대화의 공간을 마련해준다.

House of Books

책이 있는 집

Surrounded by three small mountains, the house is situated in the 'guest house area' in Heyri Art Valley. The original site contained gentle sloped topography yet facing the forest upfront which is perceived as vertical nature. By introducing sloped artificial landscape in the opposite angle to the forest leading to the sunken space below, the house becomes the floating filter to connect the green space of both sides. As one proceed the ramp to the entrance, which also operates as a bridge, different perception of the green space, one deep sunken artificial and the other as steep rising natural, emerges along with undulating book shelves.
Important program of this house was to house more than ten thousands books the client has collected. Instead of assigning a room for the books, the collections have been dispersed in the entire house so that every member of the family has easy access to the books and be able to communicate through books. Therefore the bookshelf structure operates as the structure of the house as well.

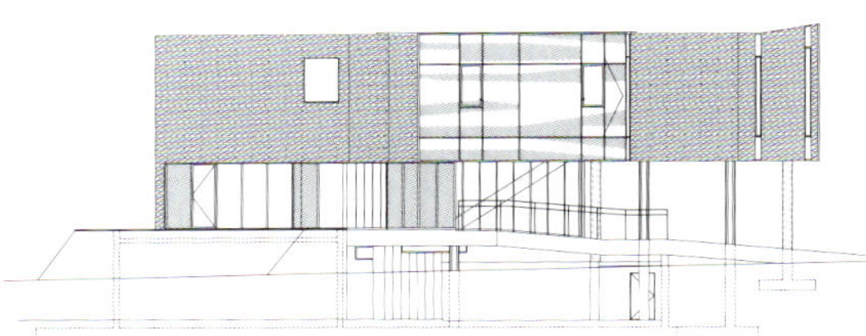

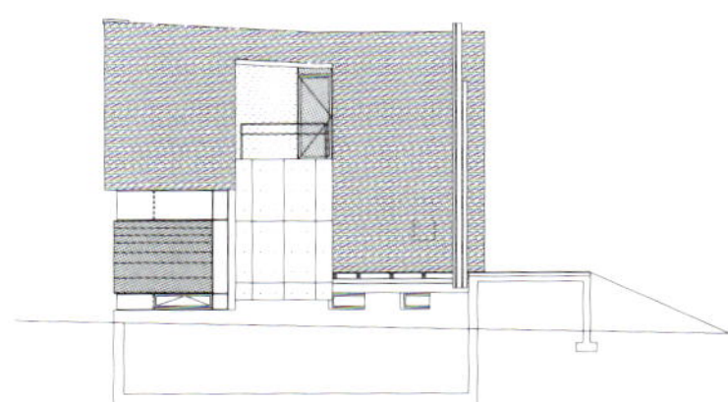

건축가 조병수 **건축주** 손미옥, 오성환 **위치** 경기도 파주시 탄현면 헤이리 441호 **용도** 주택 **대지면적** 474.7㎡ **건축면적** 147.31㎡ **연면적** 213.53㎡ **건폐율** 31.03% **용적율** 44.98% **층수** 지상2층 **구조** 철근콘크리트조 **외부마감** 미송판재노출콘크리트, 3mm철판위광명단 **사진** 하지권 **Architect** Cho Byuong Soo **Client** Shon Mee Okk, Oh Sung Whan **Location** 441 Heyri, Tanhyun-myun, Paju-si, Gyeonggi-do, Korea **Use** Residence **site area** 474.7㎡ **Bldg.area** 147.31㎡ **Gross floor area** 213.53㎡ **Bldg.coverage ratio** 31.03% **Gross floor ratio** 44.98%/ Two stories above **Structure** R.C **Exterior finishing** Pineboard-patterned exposed concrete, Designated paint on steel plate **Photographer** Ha Ji Kwon

오손주택 (Split House)는 큰크리트에 삽입된 3mm 두께 강판을 적절히 활용하였다. 타설이전에 강판은 콘크리트와 함께 외부에서 봤을 때 주택의 거친 느낌을 주도록 의도되었다. 이러한 느낌은 주택이 내부설계에서 외부의 조경을 내부로 끌어들이는 방법과는 반대로 이루어진 것이다. 주택은 기다란 축을 따라서 반으로 나뉘어져 있으며 중간에 위치한 중정을 향해 개방되어 있다. 이 중정은 주방과 거실을 분리하고 있으며, 2층에 위치한 유리로 둘러싸인 방은 둔덕을 형성하고 있는 외부의 자연과 유기적으로 연결되도록 설계된 계단이 있고 테라스와 테크 공간에 개방되어 있다. 화실과 스튜디오 공간들 역시 이 데크 공간과 연결되어 있다.

The O-son House(Split House) celebrates the use of embedded 3mm steel plate in concrete. Placed before pouring, the steel along with the concrete added to the sought after industrial feel of the house when viewed from the exterior. This feel is diametrically opposed to the warm feel on the interior and the well thought out ways in which the house opens itself to the landscape once inside. The house is split down the middle along the long axis and peels open exposing a courtyard garden down the center. This courtyard divides the kitchen/dining and living quarters, and a glass room on the second level opens itself to a stepped terrace and deck that reach out to embrace the natural hillside, forming direct integration with nature. Painting and studio spaces are connected to this desk.

O-son House

오손주택

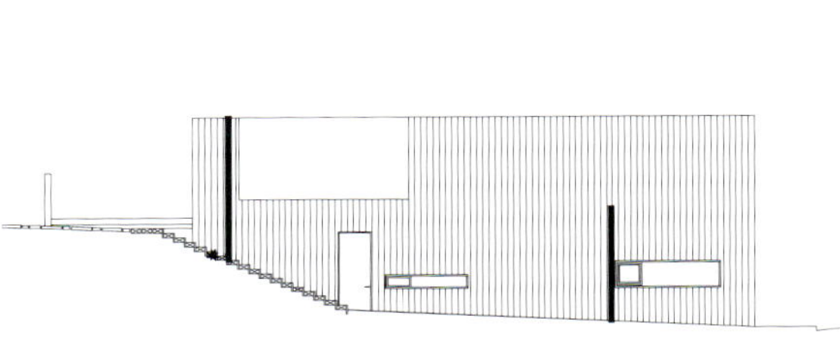

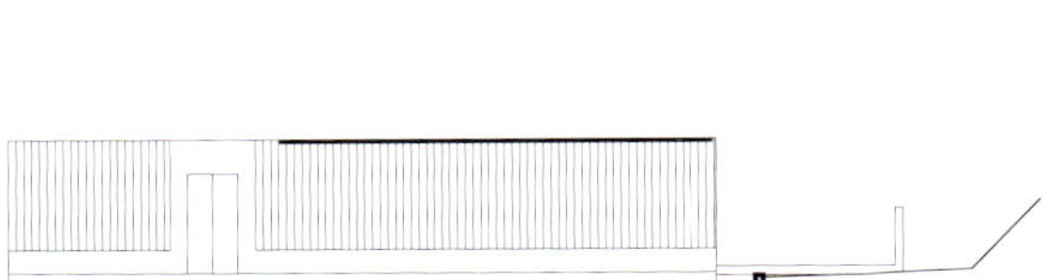

건축가 임상관, 전주리 **건축주** 전명현, 이명희 **위치** 경기도 파주시 탄현면 헤이리 429호 **용도** 주택 **대지면적** 519.4㎡ **건축면적** 154.55㎡ **연면적** 204.46㎡ **건폐율** 29.76% **용적율** 36.04% **층수** 지상2층 **구조** 철근콘크리트 **외부마감** 노출콘크리트, 유리 **조경** 수빈뜰(이명희) **사진** 수빈뜰
Architect Lim Sang Kwan, Chun Joo Ri **Client** Chun Myung Hyung, Lee Myung Hee **Location** 429 Heyri, Tanhyun-myun, Paju-si, Gyeonggi-do, Korea **Use** Residence **Site area** 519.4㎡ **Bldg. area** 154.55㎡ **Gross Floor area** 204.46㎡ **Bldg. coverage ratio** 29.76% **Gross floor ratio** 36.04%/ Two stories above ground **Structure** R.C **Exterior finishing** Exposed Concrete, Glass **Photographer** Subinttul

본 대지는 심한 경사지로서, 경사지 상부에 도로가 접해 있어서 아래지형에 건축을 할 경우에 위에서 내려다보는 경우가 되어, 지층을 피로티로 세우고 도로 레벨과 같게 하였다. 컨셉으로 있어서는 나무와 꽃과 잘 조화를 이룰 수 있는 단조로운 콘크리트매스에 유리상자와의 상관체 형태로서 구성 되었으며, 평면 구성은 직사각형과 정사각형의 결합 또는 축을 회전시킴으로서 그 내부공간을 최대로 활용 할 수 있게 하였다.

To avoid the visual invasion of privacy from the adjacent road above, We raised the building's height by the use of piloti so hat the level of the builiding became egual to the level of the road. Our concept is to create a combination of simple concrete mass with glass box that would blend well with surrounding trees and flowers. Basic plan is the combination of rectangular and rotated square for maximum use of space.

Subinttul

수빈뜰

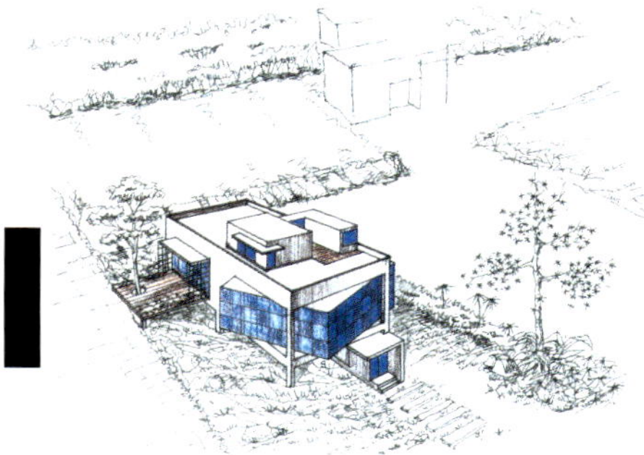

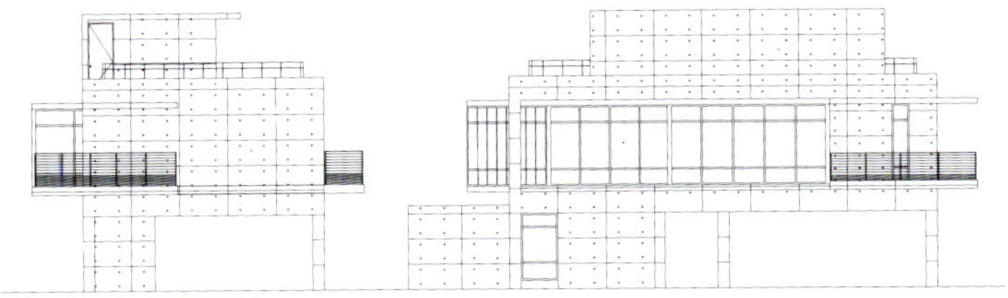

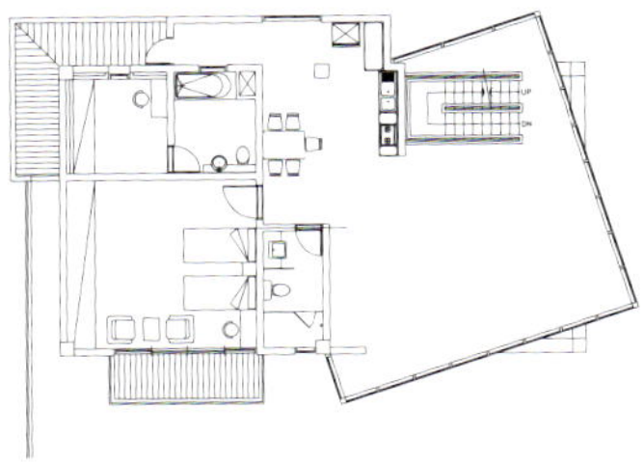

건축가 정진국 **건축주** T·M ENC **위치** 경기도 파주시 탄현면 헤이리 430호 **용도** 주택, 작업실 **대지면적** 664.07㎡ **건축면적** 142.12㎡ **연면적** 214.83㎡ **건폐율** 21.40% **용적률** 30.18% **층수** 지상3층 **구조** 철근콘크리트조 **외부마감** 전벽돌 **사진** 박완순 **Architect** Jeong Jin Kouk **Client** T·M ENC **Location** 430 Heyri, Tanhyun-myun, Paju-si, Gyeonggi-do, Korea **Use** Residence, Studio **Site area** 664.07㎡ **Bldg. area** 142.12㎡ **Gross floor area** 214.83㎡ **Bldg. coverage ratio** 21.40% **Gross floor ratio** 30.18%/ Three stories above ground **Structure** R.C **Exterior finishing** Black brick **Photographer** Park Wan Soon

여기에서는 대지의 대각선 방향으로 6미터 이상의 고자차를 이해하는 일이 우선적으로 고려되었다. 건축적 형상화는 대지의 가장 낮은 곳으로부터 얻어졌는데, 이는 건물이 지면에서 솟아올라 대지의 수직성을 드러내기를 원했기 때문이다. 이러한 생각으로 얻어진 최초의 형태는 요구된 프로그램에 따라 확장되어야 했고, 높은 곳에 설정된 현관을 축으로 동일한 형태를 회전시켜 연결함으로써 전체 형태가 완성되었다. 결과적으로 연속적이지만 구부러진 공간이 생산되었다. 우리는 건물이 그것의 존재 근거인 자연 현상을 묘사함으로써 의미가 획득된다는 사실을 알아야 한다. 살림집에 필요한 여러 가지 장치들이 마땅히 마련되어야 하지만, 그것은 일련의 사고의 과정으로 획득된 공간적 성질이 훼손되지 않을 범위에서만 가능하다.

Here, the difference of 6m in elevation in diagonal direction of the side had been considered in the first place. The architectural figuration is brought from the lowest part of the land, as the verticality was to be strengthened. The original form would then expand according to the program required, and the same form as the axis of the main entrance, would go round to finish the whole form. The result was a continuous but bended space. We realized that a building acquired a meaning of existence by depicting the nature. Different tools for a more convenient way of living must exist without destroying the space obtained after a linear series of considerations.

Nalgae II

날개 II

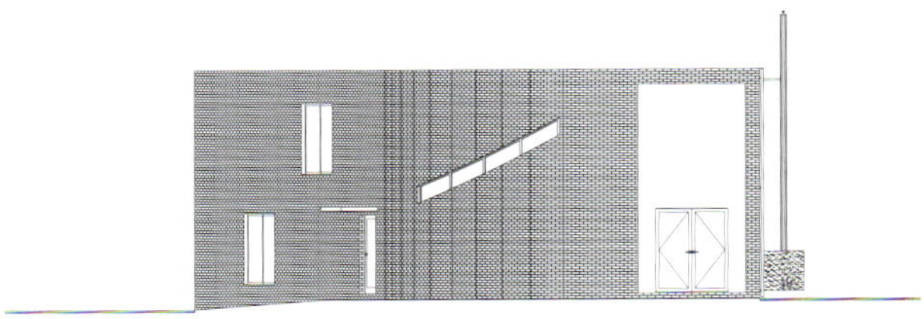

건축가 민선주 **건축주** 강복영, 이철웅 **위치** 경기도 파주시 탄현면 헤이리 425호 **용도** 근린생활시설, 주택 **대지면적** 518.30㎡ **건축면적** 181.63㎡ **연면적** 317.09㎡ **건폐율** 35.04% **용적율** 61.18% **층수** 지상2층 **구조** 철근콘크리트조 **외부마감** 외벽단열시스템 **사진** 취림헌(p70), 하지권(p71)
Architect Min Sun Ju **Client** Kang Bok young, Lee Chul Woong **Location** 425 Heyri, Tanhyun-myun, Paju-si, Gyeonggi-do, Korea **Use** Commercial building, Residence **Site area** 518.30㎡ **Bldg.area** 317.09㎡ **Gross floor area** 655.54㎡ **Bldg. coverage ratio** 35.04% **Gross floor ratio** 61.18%/ Three stories above ground **Structure** R.C **Exterior finishing** Dryvit **Photographer** Chweerimhun, Ha Ji Kwon

오랜 시간을 내다보는 덤덤한 계획안이 되고자 하였다. 어떠한 건축적 개념보다도 이 댁을 설계하는 과정에서는 특수한 상황을 고려해야하는 것이 중요했다.
1.거동이 불편한 아드님이 장애없이 모든 공간을 사용할 수 있도록 한다. 2.거의 모든 시간을 실내에서 보내야하는 큰 아드님이 햇빛 바른 정원으로도 편하게 드나들 수 있도록 한다. → 남측으로 거실과 같은 높이의 외부공간 확보 3.가족 전원의 온전한 공간이 주어지고 서로 잘 소통이 된다. 4.건축주의 서예실이 대외적인 공간으로 잘 기능하도록 한다. 5.위의 사항들 외에는 건축주의 경제적 부담을 극소화하는 것을 최우선으로 한다. → 예산을 맞추기 위하여 수차례 반복된 재설계와 건축주 친척 시공 큰 아드님의 행동양식을 이해하는 것이 중요하였고, 그 과정 속에서 모든 가족의 마음가짐도 서서히 배워나갈 수 있었다. 무엇보다도 먼 미래에도 큰 아드님이 어떻게 이 집에서 살아갈 수 있을 것인지를 고민해보는 시간이 중요했었다. 건강한 작은 아드님의 가족과 큰 아드님이 함께 살아갈 수 있을지...과연 헤이리라는 마을이 어려운 이웃도 섬기고 돌볼 수 있는 마을일지...
We just wanted a humble blueprint that looked forward long into the future. In constructing this residence, it was more important to consider certain special conditions than any fancy architectural concepts. 1.The elder son, handicapped, should be able to use all areas without any obstacle. 2.Because the elder son has to spend almost all of his time indoors, he should also be able to comfortably go back and forth to a sunny garden. → Reserve an exterior area to the south with the same level as the living room. 3.There should be private areas for each family member, areas that communicate well with one another. 4.The building owner's calligraphy room should function smoothly as an outer area. 5.Other than the above particulars, the first priority should be to minimize the financial burden of the building owner. → To stay under budget, designs were repeatedly modified and a relative of the building owner carried out the construction. It was important to understand the elder son's activity patterns, and in that process, we could gradually

Chweerimhun
취림헌

learn the mind set of all the family members. More than anything else, it was important to spend time reflecting on how the elder son could continue to reside in this house far into the future. Whether or not he could live together with the family of the younger son who was healthy. Whether or not this Heiry Village is a place that could serve a difficult neighbor and take care of him.

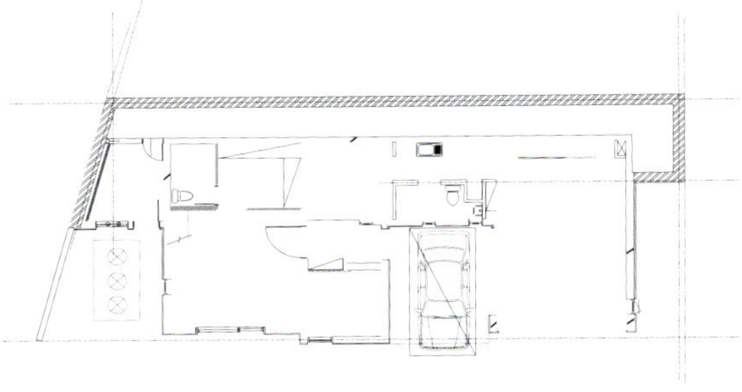

건축가 헬렌박 **건축주** 동의재 **위치** 경기도 파주시 탄현면 헤이리 421호 **용도** 주택 **대지면적** 643.0㎡ **건축면적** 185.73㎡ **연면적** 413.59㎡ **건폐율** 28.88% **용적률** 48.03% **층수** 지하1층~지상2층 **구조** 철근콘크리트조 **외부마감** 노출콘크리트, 목재사이딩 위 오일스테인 **사진** 하지권
Architect Helen Ju-Hyun Park **Client** Residence for a couple **Location** 421 Heyri, Tanhyun-myun, Paju-si, Gyeonggi-do, Korea **Use** Residence **Site area** 643.0㎡ **Bldg. area** 185.73㎡ **Gross floor area** 413.59㎡ **Bldg. coverage ratio** 28.88% **Gross floor ratio** 48.03%/ One story below ground, Two stories above ground **Structure** R.C **Exterior finishing** Exposed Concrete, Wood Siding & Oil Stain **Photographer** Ha Ji Kwon

대지는 헤이리의 주거전용인 C구역 안에 있으며, 진입 도로가 막다른 회전을 하는 cul-de-sac에 위치하고있다. 남향이나, 북서쪽으로는 가파른 경사를 그리고 동쪽으로는 지형이 성토된 도로높이 아래로 흐르는 형상을 하고 있었다. 주거 프로그램은 세개의 '나무상자'로 정리를 한 후, 계단과 복도/창들을 사이에 삽입을 하면서, 상자들을 밀고 당기기 시작하였다. 지형에 따라 상자들이 지면과 만나는 바닥 높이가 달라졌고, 주변 나무들과 경사를 계단을 따라 오르고 내리며 경험할 수 있게 되었다. 건물의 외피는 목재사이딩과 접이 덧문으로 이루어져서, 하나의 입체로 닫히게 된다.

The site is situated in Heyri Art Village's residential area. It is the south-facing plot on a cul-de-sac and lies at the bottom of a steep hill to northwest. The residential program was organized into three 'wooden boxes', and the stair was inserted in the space between sliding volumes, enabling the experience of the surrounding nature in vertical movement. The exterior finish is in wood siding with folding shutters so that the facade closes into a solid black box.

Residence for a couple

동의재

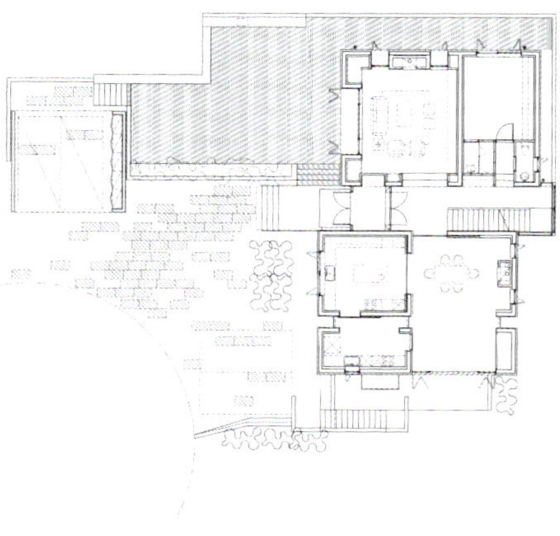

건축가 조병수 **위치** 경기도 파주시 탄현면 헤이리 420호 **용도** 주택(다가구주택) **대지면적** 643.2㎡ **건축면적** 231.1㎡ **연면적** 494.6㎡ **건폐율** 35.9㎡ **용적률** 44.36% **층수** 지상2층 **구조** 철근콘크리트조 **외부마감** 송판무늬노출콘크리트, 목재스크린, 와이어스크린 **사진** 하지권 **Architect** Cho Byuong Soo **Location** 420 Heyri, Tanhyun-myun, Paju-si, Gyeonggi-do, Korea **Use** Residence **Site area** 643.2㎡ **Bldg. area** 231.1㎡ **Gross floor area** 494.6㎡ **Bldg. coverage ratio** 35.9% **Gross floor ratio** 44.36%/ Tow stories above ground **Structure** R.C **Exterior finishing** Pineboard-patterned exposed concrete, Wood screen, Wire screen **Photographer** Ha Ji Kwon

3개의 콘크리트 박스로 구성된 이 집은 수평으로 떠있는 섬세한 나무스크린과 연결되어 있다. 두 개의 박스는 땅속에 단단히 고정되어 있으며 나머지 하나는 스틸 기둥에 지지되어 떠있다. 나무스크린과 건물사이의 데크공간이 자연의 개입을 적극 끌어들이며 두 개의 매스를 연결한다.

Composed of 3 concrete boxes, this house is connected with a delicate floating horizontal wood screen. Two of the boxes anchor the house into the earth and the last one is supported by steel columns. Between the wooden screen and buildings, deck space connects the two entities while allowing celebrated interaction with nature.

Hoi Young Won

회영원

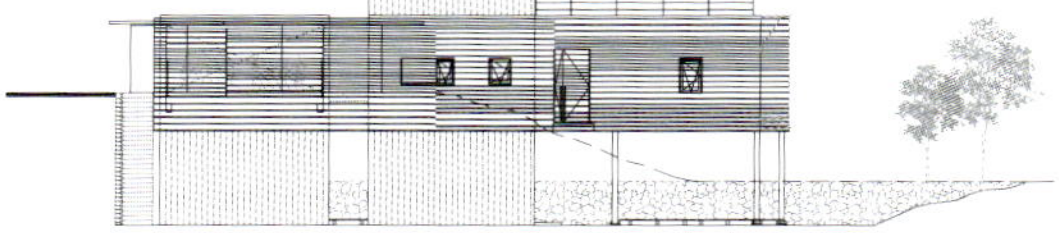

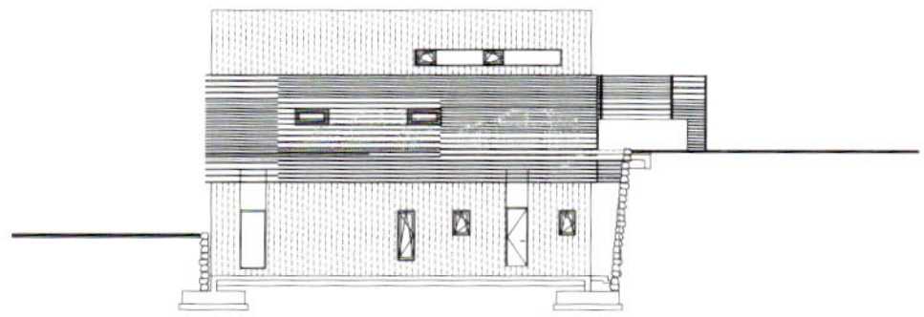

Heyri Micropolis

벚 | 나 | 무 | 골

건축가 김준성+토마스 한 **건축주** (주)아트서비스 **위치** 경기도 파주시 탄현면 헤이리 155, 164호 **용도** 공용시설 **대지면적(155)** 3,717.42㎡ **건축면적** 1,792.84㎡ **연면적** 3,609.82㎡ **건폐율** 48.23% **용적율** 62.7% **대지면적(164)** 4,316.12㎡ **건축면적** 1,792.84㎡ **연면적** 4,910.49㎡ **건폐율** 49.82% **용적율** 73.01% **층수** 지하1층~지상3층 **구조** 철골철근콘크리트조 **외부마감** 노출콘크리트, 알루미늄 굴곡쉬트, 유공 알루미늄 쉬트, 동 익스펜티드 메탈라스, 반사유리 **사진** 하지권 **Architect** Kim Jung Sung, Thomas Han **Client** Artservice **Location** 155, 154 Heyri, Tanhyun-myun, Paju-si, Gyeonggi-do, Korea **Use** Public facility/ One story below ground, Three stories above ground **Exterior finishing** Exposed concrete, Corrugated aluminum sheets, Copper expanded metal lath, Reflective glass 〈**155 Site area** 3,717.42 ㎡ **Bldg. area** 1,792.84㎡ **Gross floor area** 3,609.82㎡ **Bldg. coverage ratio** 48.23% **Gross floor ratio** 67.2%〉, 〈**164 Site area** 4,316.12㎡ **Bldg. area** 1,792.84㎡ **Gross floor area** 4,910.49㎡ **Bldg. coverage ratio** 49.82% **Gross floor ratio** 73.01%〉 **Structure** S.R.C **Photographer** Ha Ji Kwon

프로그램은 기본적으로 세 개의 볼륨과 50인을 위한 기숙사, 그리고 카페테리아로 나누어진다. 또한 스튜디오의 기능을 충족시키기 위한 다양한 공간이 마련된다. 스튜디오 장치를 결정하는 최고 산업 기준에 맞춰 설계되어, 이 영화 촬영소는 한국 영화 산업에 커다란 획을 그을 것이다.

세 개의 영화촬영소는 헤이리로 진입하는 주도로의 양 편에 서로 마주보며 위치하고 있다. 스튜디오는 기본적으로 암실과 같아서 service door를 제외한 다른 개구부를 마련할 수가 없다. 이러한 점으로 인해서 공사비와 단지 정면에 창이 없는 큰 상자가 생길 수 있는 거북함을 최소화하는 데 미적(美的)잠재력을 최대화하기 위해 여러 각도에서 외부 마감을 신중히 고려해야만 했다. 헤이리의 기본 원칙인 생태적 건강함을 유지하기 위해, 자연의 푸르름을 연장시키는 방법을 해결책으로 선택하였다.

노출 콘크리트 위에 expanded brass joint를 설치하는 것이 우리가 발견한 최선의 방법이었다. 초기에는 매스들이 산업적으로, 심지어 미완성을 보일 수 있는 어떠한 이미지를 brass를 통해 얻을 수 있으리라 여겼다. 하지만 시간이 지날수록 brass가 산화되어 초록색으로 바랠 뿐 아니라, 땅에서부터 자라 올라오는 담쟁이 넝쿨이 바람에 흔들리며 다양한 톤의 초록색으로 조절된 층(layer)을 만들면서 결국에는 접합부까지 올라가게 된다. 조롱박이 지붕에서부터 내려오곤 했던 한국 전통 초가집과 연관이 있다고 하겠다.

주재료로는 corrugated steel, perforated steel, expanded brass joint, 다양한 반사율과 농도의 유리와 노출 콘크리트가 사용되었다.

Heyri Sound Stages

아트서비스 영화촬영소

The program is basically composed of 3 of volumes, a dormitory accommodating 50 people, and a cafeteria. Various spaces are also required to meet the demands of functions of the studio. Designed following the cutting-edge standard for the film studio, this film studio will be a touchstone of Korean film industry. Facing one another, three of the film studios are located on both sides of main road to the Heyri Art Valley. Studio is basically just like a darkroom that it is not allowed to make openings except service door.

In these conditions, construction budget and exterior finishing were seriously taken into consideration to maximize the aesthetic potentiality of a big box without any openings in front fa ceae. To comply with ecological sustainability, the basic principle of the Heyri Art Valley, the extension of nature was chosen as a method. The best way we found was to install the expanded brass joint on exposed concrete. In the early stage, we thought that we could get some images even expressing industrial incompletion through the brass. But, as time goes by, the ivy growing from the ground and swung by breeze has created layers of various tones of green color as well as the brass turns into green according to oxidization. Finally the ivy has risen up to the joint part. The image of Korean traditional thatched cottage with a bottle gourd falling from the roof might be connected to this scene. Main materials for this building are corrugated steel, perforated steel, expanded brass joint, glass of various reflection and thickness, and exposed concrete.

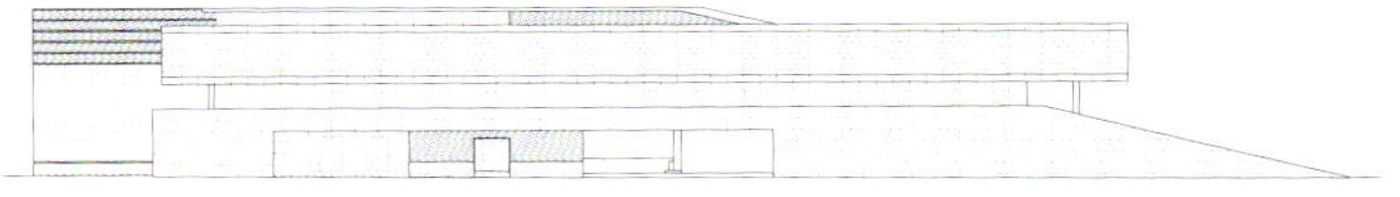

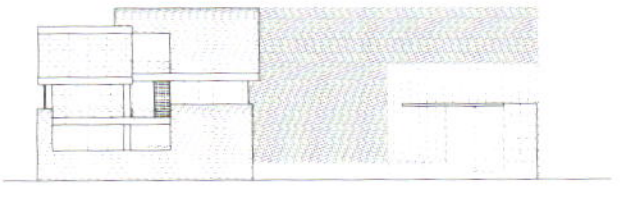

건축가 정진국 **건축주** 정호권, 양혜경 **위치** 경기도 파주시 탄현면 헤이리 180, 181호 **대지면적** 462.32㎡ **건축면적** 203.69㎡ **연면적** 331.46㎡ **건폐율** 44.06% **용적율** 71.69% **층수** 지상3층 **구조** 철근콘크리트조 **용도** 갤러리, 주택 **외부마감** 유글래스, 전벽돌 **사진** 박완순 **Architect** Jeong Jin Kouk **Client** Chung Ho Kwon, Yang Hye Kyung **Location** 180, 181 Heyri, Tanhyun-myun, Paju-si, Gyeonggi-do, Korea **Use** gallery, Residence **Site area** 462.32㎡ **Bldg. area** 203.69㎡ **Gross floor area** 331.46㎡ **Bldg. coverage ratio** 44.06% **Gross floor ratio** 71.69%/ Three stories above ground **Structure** R.C **Exterior finishing** u-glass, glass black brick **Photographer** Park Wan Soon

두 개의 필지를 합쳐서 하나로 만드는 일에서 출발한 건축적 형상화는 새로운 건물과 장래에 이웃하게 될 건물과의 연속성을 존중하는 방향으로 이어졌다. 대지의 장소적 특징은 두 가지인데, 첫째 헤이리 예술마을 초엽에 위치한다는 점이고, 둘째는 길이 만나는 모퉁이에 위치한다는 점이다. 요컨대, 새로운 건물은 마을의 시작을 알리는 역할과 함께 사람들의 통행을 두 방향으로 분리하는 역할을 부여받는다. 카페, 갤러리, 주택 등, 요구된 세 가지 프로그램들은 각각 자신의 최적화된 공간 규모를 유지하면서 세 가지 부피로 명료하게 분절되었다. 분절의 명료성은 외피의 재료들로 인해서 더욱 강화되었다. 이것은 기능과 형태와의 관계에 대한 근대주의적 관점을 재해석한 결과이다.

Two forms were put together, emphasizing the continuity of the new and the upcoming building. There are two features of the territory, first the building stands at the beginning of the village and second, it stands at the intersection of two streets. Trus, the new building announces the start of the tour, and gives direction for the visitor to choose. The cafe, the gallery and the living space are separated into three distinct spaces, each suited for its own use. The distinction is exaggerated by the outer materials. This is the result of the modern perception of function and form.

Gallery The Chai

갤러리 더 차이

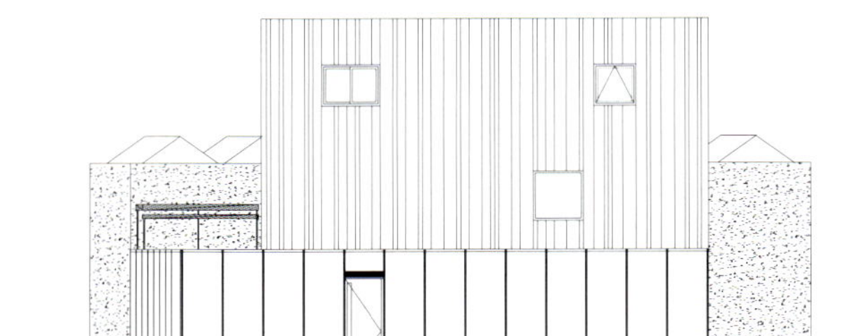

건축가 권문성 **건축주** 임지수 **위치** 경기도 파주시 탄현면 헤이리 157호 **용도** 주택, 근린생활시설 **대지면적** 783,90m² **건축면적** 305.95m² **연면적** 398.63m² **건폐율** 39.03% **용적율** 50.85% **층수** 지상2층 **구조** 철근콘크리트조 **외부마감** 노출콘크리트/드라이비트 **사진** 문정식 **Architect** Kwon Moon Sung **Client** Im Ji Soo **Location** 157 Heyri, Tanhyun-myun, Paju-si, Gyeonggi-do, Korea **Use** Commercial building, Residence **Site area** 783,90m² **Bldg. area** 305.95m² **Gross floor area** 398.63m² **Bldg. coverage ratio** 39.03% **Gross floor ratio** 50.85%/ Two stories above ground **Structure** R.C **Exterior finishing** Exposed concrete, Dryvit **Photographer** Moon Jeong Sik

Gomakwon

고막원

노부부는 이곳에서 꽃을 가꾸고 시를 쓰며 살기를 원했다. 꽃이 자랄 원뿔형 콘크리트 온실은 집의 모든 곳을 이어주고 또 공간을 나눠주는 역할을 한다. 둥근 벽면을 따라 디딤판 하나씩을 따로 만든 계단을 오르내리며 하늘과 햇살, 천창의 그림자, 푸른 잎, 꽃과 나비까지도 항상 가까이 할 수 있는 삶의 중심이 되길 꿈꾸었다.

The aged couple wanted to garden flowers and write poems at home. The cone-shaped exposed concrete greenhouse links all the spaces of the residence and divides them. It is designed as the center of daily life. They feel the sky, and sunshine, the silhouette of skylight, green leaves, flowers, butterflies, as walking up and down stairs, each step stuck to the curved exposed concrete wall.

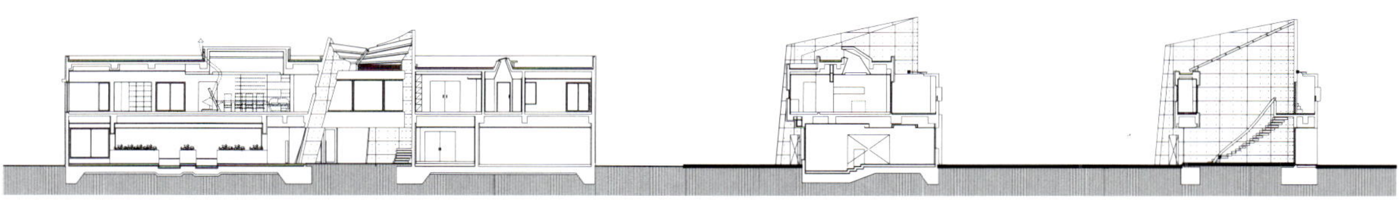

건축가 이종호 **건축주** 전재국 **위치** 경기도 파주시 탄현면 헤이리 143호 **용도** Book store, gallery **대지면적** 1,881.1m² **건축면적** 859.71m² **연면적** 2,635.42m² **건폐율** 45.70% **용적률** 94.03% **층수** 지하2층~지상3층 **구조** 철근콘크리트조 **외부마감** Exposed concret, Wood Louver **사진** 김재경 **Architect** Lee Joung Ho **Client** Chun Jae Kuk **Location** 143 Heyri, Tanhyun-myun, Paju-si, Gyeonggi-do, Korea **Use** Book store, gallery **Site area** 1,881.1m² **Bldg. area** 859.71m² **Gross floor area** 2,635.42m² **Bldg. coverage ratio** 45.70% **Gross floor ratio** 94.03%/ Two story below ground, Three stories above ground **Structure** R.C **Exterior finishing** Exposed concret, Wood Louver **Photographer** Kim Jae Kyung

추운 겨울 날 홍대 앞 아티누스의 바깥마당에서, 피워 준 난로를 쬐며 담요를 덮고 허브티를 마시곤 했다. 헤이리에서는 과제가 훨씬 더 커져 버렸다. 적절히 덩어리를 나누려고도 해 봤지만 헤이리에 갈 때마다 느껴지는 어떤 아우성이 그 반대의 선택으로 나아갔다. 참으로 오랫동안 프로그램을 논의했다. 사람들의 즐거움, 예전 아티누스의 기억 그리고 앞으로 이 건물이 나누어 가질 헤이리에서의 적절한 역할에 대해 진지하게 접근했다.

결국 여러 목적의 집회가 가능하며 네버랜드를 꿈꾸는 아이들이 책과 함께하는 놀이터 그리고 즐거운 릴랙스가 결론이었다. 더불어 맨 위층에는 좀 더 다른 종류의 모임이 가능한, 정원을 가진 공간으로 향했다. 이 모든 혼합을 묶어 버릴 수 있으며 헤이리의 시각적 소음에 툭 내어던져진 한 개의 양괴를 만들게 되었다. 그러나 오브제 만들기는 피해야 할 일. 좀 더 작은 덩어리들과 약간 다른 재료가 지표면을 붙들고 주변과의 섬세한 조율을 나누고 있다.

Art in US

아티누스

One cold day, I used to drink herb tea with lap robe sitting beside a stove in the court of Art in US. The subject for the Heyri Art Valley was much bigger than that. Although I tried to divide up the mass appropriately into several parts, the shout from the Heyri Art Valley I have heard whenever I visit the Heyri Art Valley have led to the opposite direction. So long time has been taken for us to discuss the program.

We seriously talked about people`s joy, the memory in the old Art in US, and this building's appropriate role in the Heyri Art Valley. The conclusion was the place which accommodates various types of gatherings, plays a role as a playground for children dreaming of Neverland with books and finally the place for pleasant relaxation.

In addition, space for somewhat different kind of meeting with garden is planned on the uppermost floor. After all, the final mass thrown into the visual noises of the Heyri Art Valley was created which unifies all the mixtures. It is a job to avoid creating an object. A bit smaller masses of different materials clinging to the site are in delicate harmony with the surroundings.

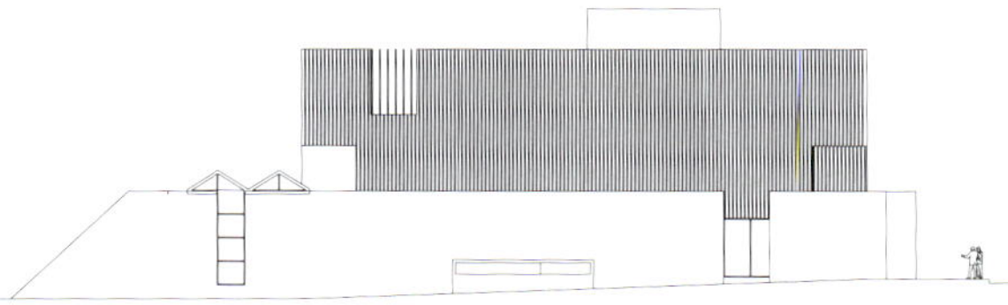

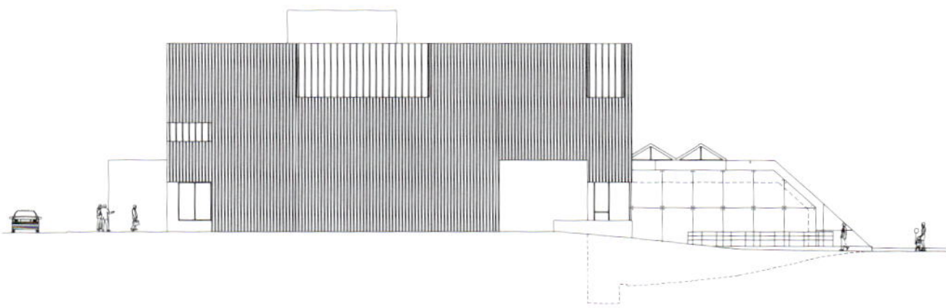

건축가 최욱 **건축주** 우경옥, 성필원 **위치** 경기도 파주시 탄현면 헤이리 114호 **용도** 근린생활시설 **대지면적** 1,947.70㎡ **건축면적** 430.03㎡ **연면적** 661.84㎡ **건폐율** 22.08% **용적률** 33.98% **층수** 지상3층 **구조** 철근콘크리트조 **외부마감** 착색시멘트보드, 내후성강판, U glass **사진** 남궁선
Architect Choi Wook **Client** Woo Kyung Ok, Seung Pil Won **Location** 114 Heyri, Tanhyun-myun, Paju-si, Gyeonggi-do, Korea **Use** Commercial building **Site area** 1,947.70㎡ **Bldg. area** 430.03㎡ **Gross floor area** 661.84㎡ **Bldg. Coverage ratio** 22.08% **Gross floor ratio** 33.98%/ Three stories above ground **Structure** R.C **Exterior finishing** colored cement board, cor-ten steel, U glass **Photographer** Namgoong Sun

Cine Palace

시네팰리스

영화포스터를 전시하는 시네팰리스는 연속적인 이동공간에 초점이 맞추어진 공간이다. 백색타일과 프레임을 만드는 철, 빛이 바랜 오래된 느낌의 시멘트보드는 영화의 은유적 표현으로 선택되었고 주택과 전시공간의 서로 다른 기능은 중정을 중심으로 나뉜다.

As the movie posters, Cine Palace emphasizes the constant spaces connecting each exhibitions. The white tiles, steals, and cement board of faded color are chosen as the metaphorical expression of movies. The different functions of residence and exhibition rooms are distinguished by the courtyard.

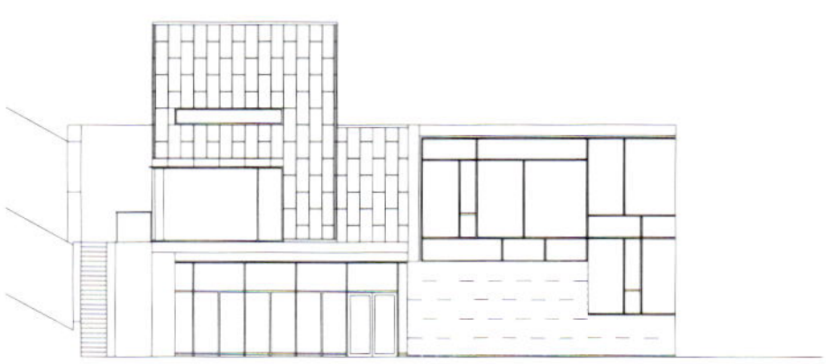

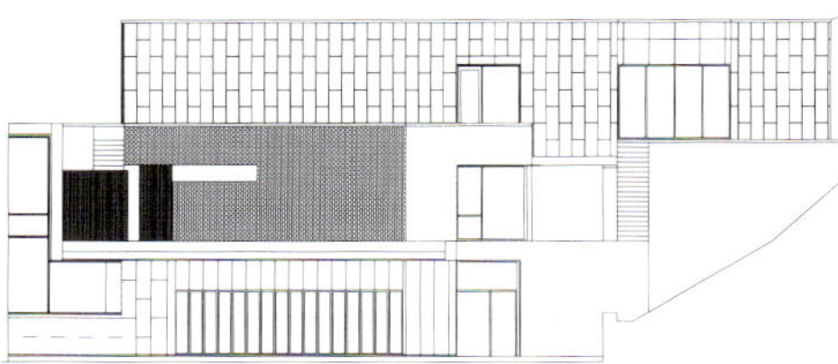

건축가 최욱 **건축주** 구삼본, 장은주 **위치** 경기도 파주시 탄현면 헤이리 115호 **용도** 근린생활시설 **대지면적** 2,082.60㎡ **건축면적** 691.43㎡ **연면적** 1,842.74㎡ **건폐율** 33.20% **용적률** 63.62% **층수** 지하1층~지상3층 **구조** 철근콘크리트조 **외부마감** 적벽돌치장, 미장 **사진** 하지권 **Architect** Choi Wook **Client** Koo Sam Bon, Jang Eun Ju **Location** 115 Heyri, Tanhyun-myun, Paju-si, Gyeonggi-do, Korea **Use** Commercial building **Site area** 2,082.6㎡ **Bldg. area** 691.43㎡ **Gross floor area** 1,842.74㎡ **Bldg. Coverage ratio** 33.20% **Gross floor ratio** 63.62%/ One story below ground, Three stories above ground **Structure** R.C **Exterior finishing** brick, plaster **Photographer** Ha Ji Kwon

인물화를 전시하는 구삼미술관은 시간의 흔적을 기록하는 사람의 표정 같은 건물이다. 두 개의 성격이 다른 마당을 가진 외부공간은 벽돌과 미장이 주재료로 쓰임으로써 기교 없는 담백함이 자연을 향해 열려 있고, 닫혀진 내부공간은 단순한 전시기능이나 홀이나 복도 등의 이동이 있는 공용공간은 깊은 자연이 만드는 빛을 담은 공간이다.

The 93museum, mainly focused on exhibition of portraits, is like a human facial expression with traces of past days. Two different gardens in outer space are composed of bricks and plaster, and its simplicity is opened to the nature. While inner space has the only function of exhibition, some places, such as lobby and hallways, contain the lights from the nature.

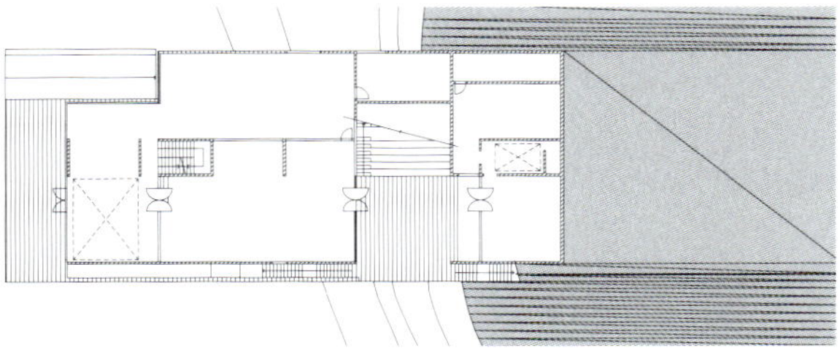

93 Museum

인물미술관 93뮤지엄

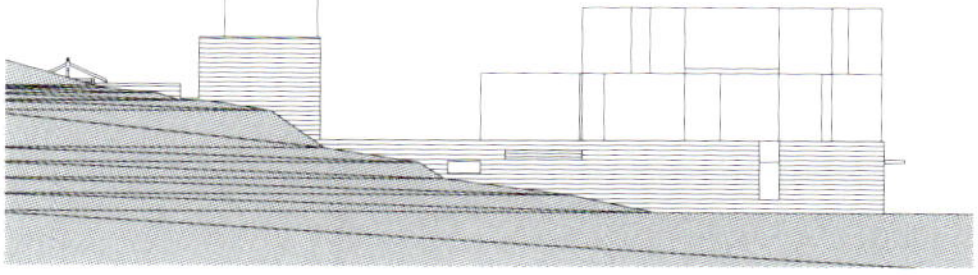

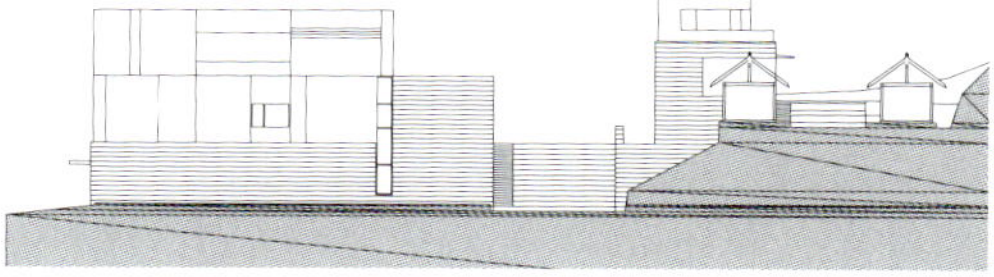

건축가 우경국 **건축주** 백순실, 김윤섭 **위치** 경기도 파주시 탄현면 헤이리 140호 **용도** 미술관, 주택, 카페 **대지면적** 1,851.90㎡ **건축면적** 689.95㎡ **연면적** 1,011.78㎡ **건폐율** 37.15% **용적률** 49.20% **층수** 지하1층~지상2층 **구조** 철근콘크리트조 **외부마감** 노출콘크리트, 징크 **사진** 하지권
Architect Woo Kyung Kook **Client** Baik Soon Shil, Kim Yoon Seop **Location** 140 Heyri, Tanhyun-myun, Paju-si, Gyeonggi-do, Korea **Use** Gallery, Residence, cafe **Site area** 1,851.90㎡ **Bldg. area** 689.95㎡ **Gross floor area** 1,011.78㎡ **Bldg. coverage ratio** 37.15% **Gross floor ratio** 49.20%/ One story below ground, Two stories above ground **Structure** R.C **Exterior finishing** Exposed concrete, Titanium alloied zinc **Photographer** Woo Kyung Kook, Ha Ji Kwon

헤이리 G28블록에 위치한 이 미술관은 전면 6m 도로와 자연림으로 형성된 공공녹지 사이의 경사지 땅으로 기획전시실, 상설전시실, 아트샵, 그리고 작가 작업실과 주거가 함께 하고 있는 복합 문화 시설로 전통건축을 재해석하여 설계된 미술관이다.

This gallery located in G28 block at the Heyri Art Valley stands on a slope between a 6 meter wide road in the front and a public green zone formed of a natural forest. The complex cultural facility consists of programmed exhibition room, permanent exhibition room, art shop, artist's studio and residence. The museum is designed from reinterpretation of a traditional house.

Baik Soon Shil Museum

백순실미술관

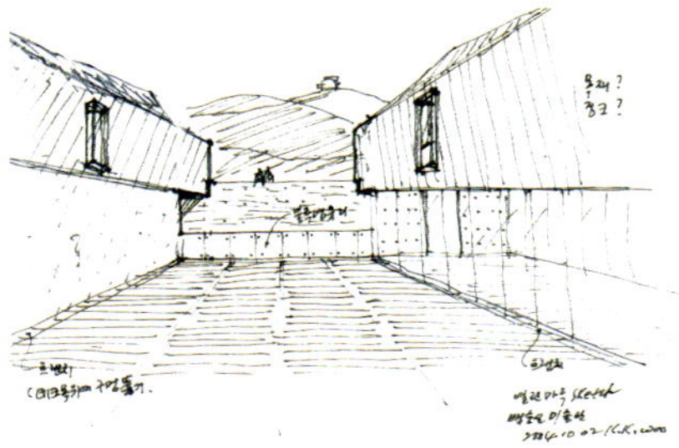

건축가 헬렌박 **건축주** 한상구, 김정숙 **위치** 경기도 파주시 탄현면 헤이리 192호 **용도** 주택, 근린생활시설 **대지면적** 390.10㎡ **건축면적** 106.25㎡ **연면적** 209.18㎡ **건폐율** 27.24% **용적율** 53.62% **층수** 지상3층 **구조** 철골철근콘크리트조 **외부마감** 노출콘크리트, 칼라강판 **사진** 하지권 **Architect** Helen Ju-Hyun Park **Client** Han Sang Koo, Kim Jung Sook **Location** 192 Heyri, Tanhyun-myun, Paju-si, Gyeonggi-do, Korea **Use** Commercial building, Residence **Site Area** 390.10㎡ **Bldg. area** 106.25㎡ **Gross floor area** 209.18㎡ **Bldg. coverage ratio** 27.24% **Gross floor ratio** 53.62%/ Three stories above ground **Structure** S.R.C **Exterior finishing** Exposed Concrete, Color Steel Plate **Photographer** Ha Ji Kwon

Han's Gallery

한스갤러리

한 건물 안에 두 집. 한 선생님의 대지는 헤이리 단지 내를 흐르는 수로를 남쪽으로 접하며 북쪽으로는 녹지로 연결되어 있다. 동서로 연결되는 패치의 끝부분으로 지난 현상설계에서 당선된 다리가 놓여지는 모퉁이 대지이다. 화가이신 한 선생님께서는 갤러리와 작업실 그리고 주택의 프로그램을 구상하셨고, 차후 본인께서 직접 공간을 증축하실 수 있는 가능성을 생각하셨다. 노출 콘크리트로 이루어지는 표현을 꼭 원하시는 기대와 더불어 건물설계는 시작되었다. 수많은 안이 그려진 가운데 두 개의 공간, public에게 열어지는 갤러리와 카페 그리고 private한 작업실과 주택이 좁고 높은 공간들로 나란히 놓여지는 안이 가장 강하게 다가왔고, 주택에 맞바람을 불어넣어주며 남쪽의 수로와 북쪽의 녹지를 연결하는 역할의 작업실 공간이 두 공간을 통과하게 되었다. 엇갈리는 각 층의 바닥 높이는 작업실 공간과 더불어 두 공간의 관계를 풍부하게 해주었다. 노출 콘크리트를 배경으로 철판으로 마감된 카페와 작업실 공간은 재료의 차이로 더욱 '끼워진' 표현이 내,외부에서 이루어진다. Public한 갤러리는 창이 거의 없어 시선에 노출이 되지 않는 방면, private한 주거는 창과 작업실과의 관계로 열려 있다. 주거는 남쪽에 그러나 도로변에 노출되어 있으며, 갤러리는 북쪽에 그리고 숨겨져 있다. 주택과 갤러리 사이에 놓인 계단공간은 3층을 관통하며 천창에서 내려오는 빛으로 평행으로 놓여진 두 공간을 이어주고 분리하여준다. 두 공간의 관계에서 이루어지는 공진에서 한 선생님의 공간은 구상되었다.

Heyri Art Valley is a 'micropolis' where the community members have conceived a place where they can reside, create, and share their works with the public. It started with the master plan and the strict architectural guidelines with which all the lots, buildings, and landscape have been planned and built. Heyri E-19 lot belongs to 'Patch/Bar type' in the flat center of the valley. The architectural guideline designates half of the lot to be open to the public as a part of the green patch and the rest as the brick-paved build-able area. Within the built-able area, 1 meter strip to the north must be free of ground floor structure to allow public walkway; the height cannot exceed 12 meters with three floors; public/private ration must not exceed 40/60. The client is a painter and requested a gallery, a cafe, a painting studio, and residence within the area of 205 square meters. The design started by further dividing the already narrow patch into two spaces-gallery to the north and the cafe to the south-and placing the flight of stairs in between. The skylight passes through the glass stairs all the way down to the first floor. The residence on the second and third floor faced the south while the two stories high gallery and the third floor deck faced the north. The painting studio and the family room project through the northern volume, bringing in the view of the northern hills and allowing the cross breeze through the two floors of the residence. The client strongly wished for the fair faced concrete. We used the plywood module for the form work as the basis for the elevation design. Each window is the size of the plywood; cafe and the projected volume is made of metal structure and metal sheet finish. The third floor deck has hinged-concrete doors so that when they are closed, the northern elevation becomes quiet and when they are open, the view opens to the green.

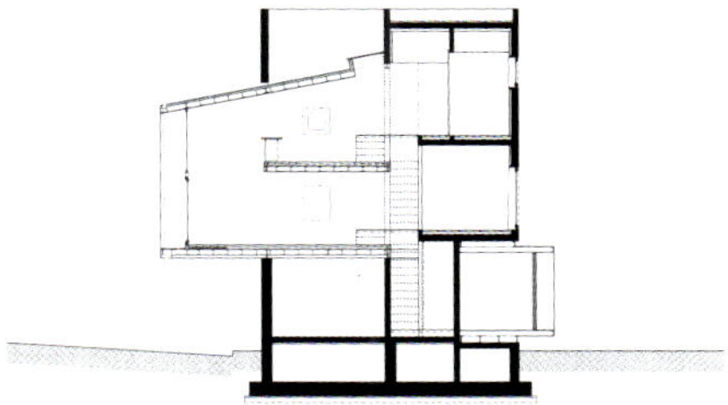

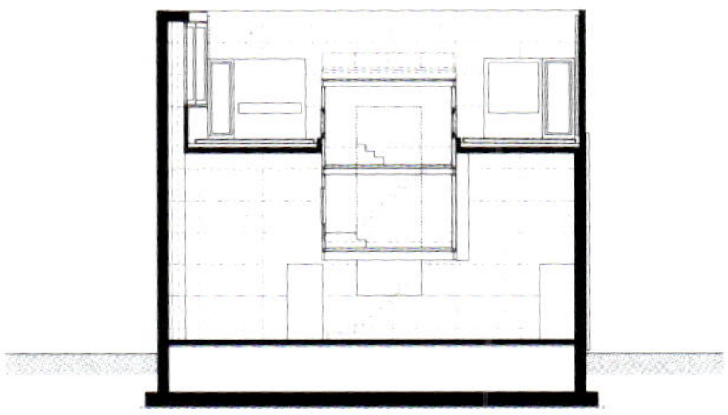

건축가 헬렌박 **건축주** 한희선 **위치** 경기도 파주시 탄현면 헤이리 191호 **용도** Gallery & Restaurant & Studio **대지면적** 460.80㎡ **건축면적** 148.71㎡ **연면적** 573.75㎡ **건폐율** 32.27% **용적율** 72.25% **층수** 지하1층~지상3층 **구조** 철근콘크리트조 **외부마감** 노출콘크리트, 칼라강판 **사진** 하지권 **Architect** Helen Ju-Hyun Parki **Client** Han Hee Seon **Location** 191 Heyri, Tanhyun-myun, Paju-si, Gyeonggi-do, Korea **Use** Gallery & Restaurant & Studio **Site area** 460.80㎡ **Bldg. area** 148.71㎡ **Gross floor area** 573.75㎡ **Bldg. coverage ratio** 32.27% **Gross floor ratio** 72.25%/ One story below ground, Three stories above ground **Structure** R.C **Exterior finishing** Exposed Concrete **Photographer** Ha Ji Kwon

1차로 디자인 한 E-19 옆 부지인 E-20의 디자인을 의뢰 받았을 때, 기쁘면서도 힘든 디지인 쟁점을 풀어야 했다. 헤이리 지침의 의도를 이해할 때, 나란히 이어지는 이 두 건물을 하나의 패치로 표현하고자 하는 목표와 더불어 서로 다른 조건의 면적과 프로그램을 해결하는 문제였다. 도예가이신 한 선생님께서는 작업과 전시를 위한 다양한 공간들이 필요하셨고, 이러한 프로그램은 E-19의 배치, 즉 패치를 남,북으로 분리하고 계단을 그 사이에 삽입하는 방법으로 잘 정리가 되었다. 이러한 배치는 계단을 오르면서 펼쳐지는 양쪽의 공간들이 각각 다른 높이와 개성을 가진 공간으로 발전할 수 있게 하였다. 2층에서 북쪽으로 돌출된 부분으로는 1층 지면에서 공공의 보도를 확보하면서도, 부족한 면적을 연면적안에서 충당시킬 수 있었으며, 옆 건물과 연결되는 표현을 이루었다. 노출콘크리트와 금속패널은 하나의 패치 입면을 구성하는 요소로 적용되었으며, 서로다른 건물크기를 균일한 입면선들로 연결할 수 있었다. 한 선생님의 현명하신 건물에 관한 이해와 기여는 디자인 작업을 더욱 발전시켜 색과 실내 도예작업으로 연결되었다.

We were pleased yet faced the difficult task of designing E-20 which is adjacent to our previous design for E-19. Reflecting the spirit of Heyri, the 'patch' needed to be continuous, in this case, with the elevation, material and building height despite very different space and program requirements. The ceramist Han required various spaces for her work and exhibition programs. The programs organized the spaces with the same spirit as E-19, dividing the patch into front and back with the stair in the middle. The floor levels step, resulting in contrasting spaces and the protruding mass on the second level handles the needed space requirement. The use of fair faced concrete with metal responds to its neighbor and also visually adjusts the taller height. The client's shrewd understanding of the design and contribution made the project to advance further with color schemes and ceramic finishes inside.

Sunny Gallery

써니갤러리

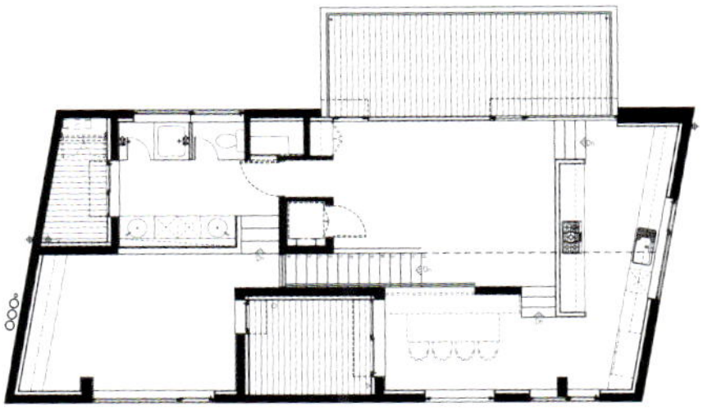

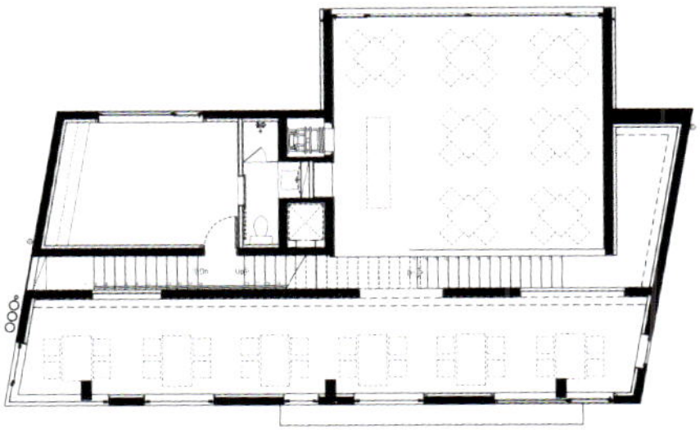

건축가 송광섭 **건축주** 노영선 **위치** 경기도 파주시 탄현면 헤이리 188, 189호 **용도** 근린생활시설 **대지면적** 691.70㎡ **건축면적** 295.22㎡ **연면적** 619.22㎡ **건폐율** 42.68% **용적률** 89.52% **층수** 지상3층 **구조** 철근콘크리트조 **외부마감** 노출콘크리트, 치장벽돌, 유리블록 **사진** 박영채
Architect Song Kwang Sub **Client** Rho Young Sun **Location** 188, 189 Heyri, Tanhyun-myun, Paju-si, Gyeonggi-do, Korea **Use** Commercial building **Site area** 691.70㎡ **Bldg.area** 295.22㎡ **Gross floor area** 619.22㎡ **Bldg. coverage ratio** 42.68% **Gross floor ratio** 89.52%/ Three stories above ground **Structure** R.C **Exterior finishing** Exposed, Color Brick, Glass Block **Photographer** Park Young Chae

헤이리 E-01, 02에 위치한 이 북카페는 1차 설계시 전시장 및 주거가 주목적이었다. 그러나 1차 계획 후 건축주의 이곳에서 정착하여 주거하기에 회의적이고, 건축주가 마땅한 전시계획 및 운영방법이 없었기에 그 안은 폐기 되었다. 2차로 요구한 조건은 적은 공사비와 관리유지비, 잡지종류의 북 카페와 전원주택인테리어 소품등의 전시가 목적이 되었다. 헤이리 중심부에 위치한 이곳은 흐름이 중요한 단서가 되었다. 저층부와 중층부 매스분할은 헤이리 지침상 크기, 형태, 규모가 거의 결정된 사안이었기에 자연스럽게 BOX형태가 저층부 전시장을 끼우는 방식이 되었다. 따라서 건축의 외피가 다변화 보다는 균질되고, 관리운영이 쉬운 재료와 공법이 채택되었다. 식상하기 쉬운 벽돌과 유리블럭이지만, 단순하고 재료물성을 고려하는 방식이 공법이나 적은 공사예산에 부합되도록 하였다. 절제된 벽면과 동측 전망 할 수 있는 커다란 유리면으로 무게감이 덜하며 BOX가 지면에서 띄우도록 하였다. 북카페와 연계된 옥상 데크는 지상층과 연계하여 내외부로 소통 할 수 있게 했다. 공사중에도 불분명한 북카페의 전시장 기능이나 카페 등은 내부공간이 분명하지 않고 어중간한 일반적 공간으로 되었다. 헤이리의 다른 건물들은 용도나 목적 추구하는 이유가 분명하지만, 이 건물은 그러한 것이 없었기에 어떤 건축적 장치나 건축가의 특이한 해석이 오히려 작위적일 것 같고, 일반 근생건물 같이 다용도를 포용 할 수 있게 평면구성이나 공간 잇기가 되어버려 아쉽기는 하였다. 그러나 건축주의 적은 예산과 공법, 운영 관리방법에는 별다른 이견 없이 잘 마무리 될 수 있었다.

Magazine House

매거진하우스

The first aim of the bookcafe at E-01, 02 Heyri was to provide a home and an exhibition space.
The client was skeptical about living in the area, and he does not have any idea about running the exhibition space. So, the 1st plan was cancelled. The 2nd phase plan required lower construction and running cost. He also wanted a bookcafe with magazines and an exhibition space of decoration items. The location. of the site within the Heyri played an important role. Lower and middle mass composition was already a part of the regulation code of Heyri. And the initial design of the box shape inserted to the lower exhibition space came as a very natural thing. The choice of the material for the skin was for easy maintenance, and construction. The bricks and glass blocks were chosen as the material which show their property. The minimal walls and viewing window on the east seem to elevate the box from the ground. The roof deck is connected to the ground level which allows for relationships between inside and outside.The unclear functions of exhibition space lead the space to a very banal and ordinary space.
There is sort of a little disappointment in the project. Many ideas for the building diminished as time went by and became a very ordinary space, most of the other buildings in Heyri, which have clear purposes and tastes. Anyways the project safely came under the required budget and construction method.

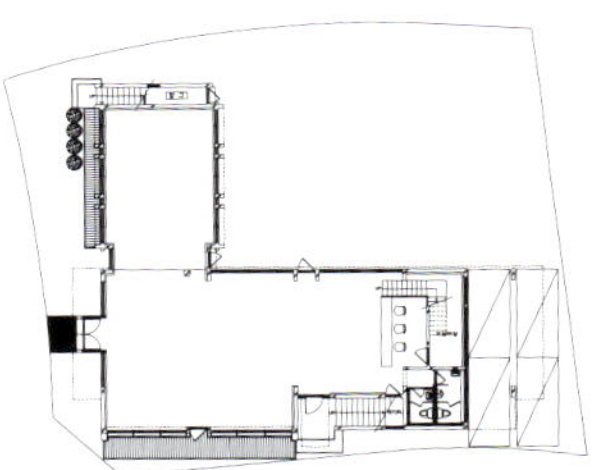

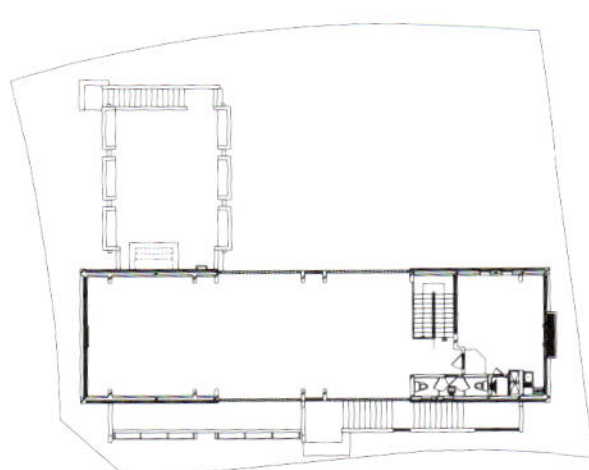

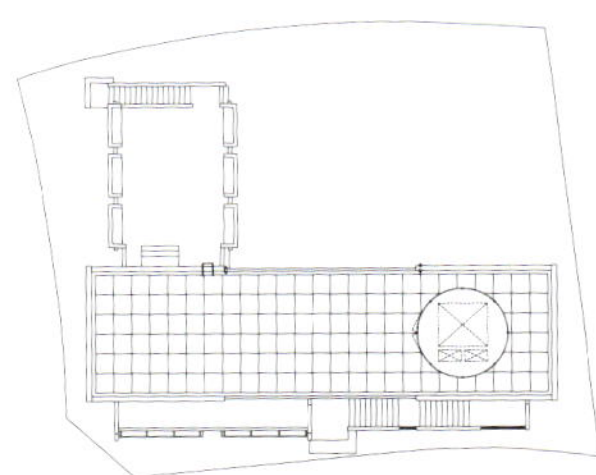

Heyri Micropolis

솔 | 마 | 을

건축가 김종규 **건축주** 마숙현, 장현숙 **위치** 경기도 파주시 탄현면 헤이리 404호 **용도** 근린생활시설, 주택 **대지면적** 991.7㎡ **건축면적** 225.07㎡ **연면적** 481.8㎡ **건폐율** 22.7% **용적율** 41.96% **층수** 갤러리동-지하 1층~지상 3층, 주택동-지상3층 **구조** 철골조, 철근콘크리트조 **외부마감** 칼라무늬콘크리트, 복층유리 THK24, 폴리카보네이트 THK16, 외삼적목삼 THK24 **사진** 권성혁 **Architect** Kim Jong Kyu **Client** Ma Sook Hyun, Jang Hyun Sook **Location** 404 Heyri, Tanhyun-myun, Paju-si, Gyeonggi-do, Korea **Use** Mixed-use facility, Residence **Site area** 991.7㎡ **Bldg. area** 225.07㎡ **Gross floor area** 481.8㎡ **Bldg. coverage ratio** 22.7% **Gross floor ratio** 41.96%/ One story below ground, Three stories above ground **Structure** Steel frame, R.C **Exterior finishing** Pigmented concrete, Double glazed glass, Polycarbonate, Timber **Photographer** Kwon Sung Hyuk

Green Sense

식물감각

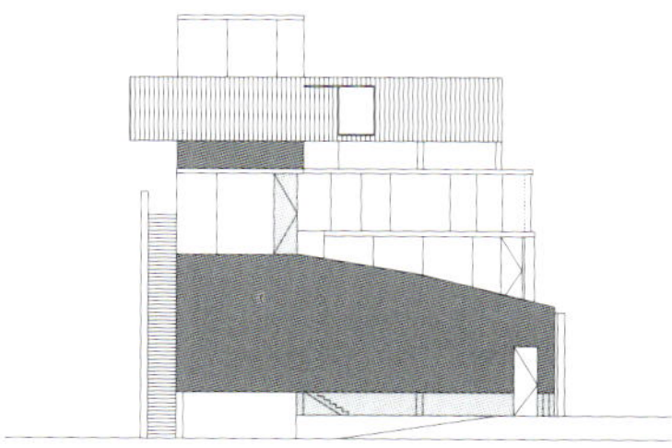

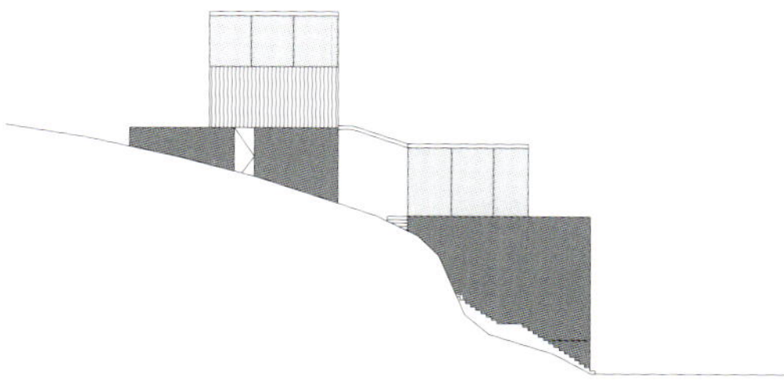

이 건물은 헤이리 D-5지역에 있는 건축박물관(갤러리), cafe그리고 주거의 프로그램으로 구성되어 있는 집이다. 능선과 가로가 교차되는 끝 지점에 위치하여 자연풍경과 도시적 경관이 겹쳐지는 독특한 성격의 대지로 Site의 특성과 프로그램의 다양성을 관계의 범주로 대치시키는 것이 이 집의 핵심이다. 그것은 "상호 소통"이라는 언어로부터 출발한다.

This particular building situated on the very end of street sight where ridges and streets are overlapped. My first attempt was making mutual communication between the site and architectural programs. The character of the site and diversity of programs develop symptomatic architectural journey. The word 'mutual communication' can be described as a space interaction of nature and manmade structure.

건축가 우경국 **건축주** 우경국, 이양호 **위치** 경기도 파주시 탄현면 헤이리 469호 **용도** 건축박물관, 주택 **대지면적** 336.90㎡ **건축면적** 166.81㎡ **연면적** 488.62㎡ **건폐율** 49.51% **용적률** 92.02% **층수** 지하1층~지상3층 **구조** 철근콘크리트조 **외부마감** 노출콘크리트, 동판오픈조인트 **사진작가** 우경국, 하지권 **Architect** Woo Kyung Kook **Client** Woo Kyung Kook, Lee Yang Ho **Location** 469 Heyri, Tanhyun-myun, Paju-si, Gyeonggi-do, Korea **Use** Gallery, Residence **Site area** 336.90㎡ **Bldg. area** 166.81㎡ **Gross floor area** 488.62㎡ **Bldg. coverage ratio** 49.51% **Gross floor ratio** 92.02%/ One story below ground, Three stories above ground **Structure** R.C **Exterior finishing** Exposed concrete, copper(Open joint) **Photographer** Woo Kyung Kook, Ha Ji Kwon

Gallery MOA

갤러리 MOA

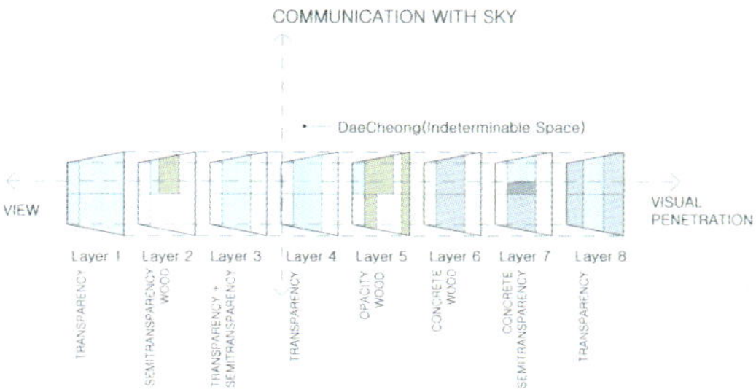
COMMUNICATION WITH SKY
DaeCheong(Indeterminable Space)
VIEW
VISUAL PENETRATION
Layer 1
Layer 2
Layer 3
Layer 4
Layer 5
Layer 6
Layer 7
Layer 8
TRANSPARENCY
SEMITRANSPARENCY WOOD
TRANSPARENCY + SEMITRANSPARENCY
TRANSPARENCY
OPACITY WOOD
CONCRETE WOOD
CONCRETE SEMITRANSPARENCY
TRANSPARENCY

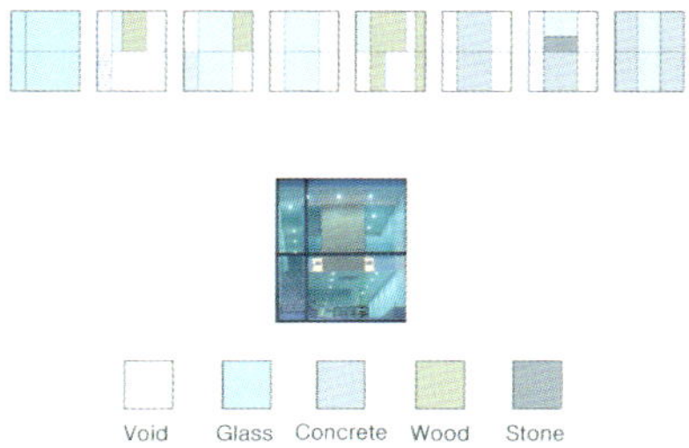
Void
Glass
Concrete
Wood
Stone

건축가 우경국+한형우 **건축주** 허영숙, 윤후명 **위치** 경기도 파주시 탄현면 헤이리 471호 **용도** 불교문화원 **대지면적** 942.10m² **건축면적** 275.60m² **연면적** 494.97m² **건폐율** 29.25% **용적률** 33.40% **층수** 지하1층~지상2층 **구조** 철근콘크리트 **외부마감** 노출콘크리트 **사진작가** 우경국, 하지권
Architect Woo Kyung Kook, Han Hyung Woo **Client** Hur Young Sook, Yun Hu Myung **Location** 471 Heyri, Tanhyun-myun, Paju-si, Gyeonggi-do, Korea **Use** Buddhism center **Site area** 942.10m² **Bldg. area** 275.60m² **Gross floor area** 494.97m² **Bldg. coverage ratio** 29.25% **Gross floor ratio** 33.40%/ One story below ground, Two stories above ground **Structure** R.C **Exterior finishing** Exposed concrete **Photographer** Woo Kyung Kook, Ha Ji Kwon

이 건물은 불교문화원으로 다목적 홀과 서적판매를 위한 book caf 그리고 "야단법석"으로 비교적 단순한 프로그램을 갖고 있는 건물이다. 헤이리 동남 측의 작은 능선 끝 지점과 중앙의 늪지 사이에 위치한 이 프로젝트는 edge문제, 즉 경계에 대한 해석으로부터 출발한 건축물이다.

This, Buddhist cultural center, includes multipurpose hall, book store and 'Yadanbubsuck'. Sited on the periphery of south-east ridge and swampy area of the Heyri art valley. The project begins with problem of edges and understanding of border.

Voidium

마음등불

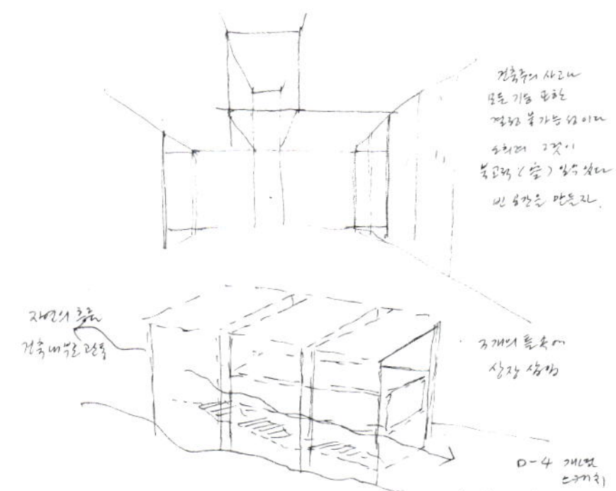

건축가 권문성 **건축주** 김흥근 **위치** 경기도 파주시 탄현면 헤이리 472호 **용도** 주택 **대지면적** 363.60㎡ **건축면적** 113.36㎡ **연면적** 212.29㎡ **건폐율** 31.18% **용적률** 58.39% **층수** 지상3층 **구조** 철근콘크리트조 **외부마감** 드라이비트 뿜칠, 치장벽돌 **사진** 문정식 **Architect** Kwon Moon Sung **Client** Kim Heung Keun **Location** 472 Heyri, Tanhyun-myun, Paju-si, Gyeonggi-do, Korea **Use** Residence **Site area** 363.60㎡ **Bldg. are** 113.36㎡ **Gross floor area** 212.29㎡ **Bldg. coverage ratio** 31.18% **Gross floor ratio** 58.39%/ Three stories above ground **Structure** R.C **Exterior finishing** Spray coat on dryvit, Brick **Photographer** Moon Jung Shik

김흥근 스튜디오는 1층에 작은 스튜디오를 가진 3층 규모의 주택으로, 이승환 atelier17과의 공동 작업으로 진행하였다. 대지는 남쪽으로 급한 경사면을 가진 모퉁이에 위치하고 있는데, 비록 일조는 불리하지만 비교적 잘 보존된 자연환경은 꽤 매력적인 가능성을 가지고 있었기 때문에 이러한 부분을 어떠한 전략으로 받아들일지를 먼저 고민하였다. 제한된 예산을 감안할 때 외장은 집이 이루어지는 방식을 솔직하게 드러낼 수 있는 기본적인 재료를 사용하되, 내부는 공간이나 재료에서 좀 더 풍요로운 느낌이 배어나기를 원했다.
헤이리의 건축지침을 통해 구체화된 건축과 자연의 경계선을 가능한 한 모호하게 만들어 외부공간이면서도 내부로 파고들고, 내부공간이면서도 외부로 확장하도록 느껴지게끔 의도하였다. 제한된 볼륨의 범위 내에서 집이 다양한 방식으로 외부와 관계를 맺을 수 있도록 배려하였고, 덧붙여 이러한 부분들이 최소한의 단순한 조형적 조작을 거쳐 자연스럽게 생성될 수 있는 방법을 모색하였다.

Studio KHK

김흥근 스튜디오

일조가 불리한 1층은 가장 안쪽에 주인침실을 배치하고, 도로를 따라 휘어진 벽체에 의하여 만들어진 작은 정원을 인접시켜 외부공간의 프라이버시를 최대한 확보할 수 있도록 고려하였다. 1층의 도로와 접한 방향으로는 외부와 소통의 가능성을 고려한 스튜디오의 공간을 확보하였다. 남쪽의 급한 경사면을 고려했을 때 주택의 공용공간은 일조와 전망에 유리한 2층에 넓게 배치하는 것이 합리적이라 판단하였다. 거실은 접지성을 포기하는 대신 큼지막한 볼륨을 주어 앞뒤로 시원하게 열어주고, 도로 방향으로 충분한 크기의 데크를 만들어 북쪽으로 넓게 펼쳐진 경관을 조망할 수 있도록 하였다. 식당은 남쪽 경사면으로 돌출되어 외부의 공간을 적극적인 방식으로 정의할 수 있도록 계획하였는데, 이 부분을 지지하는 다소 과장된 독립벽체는 이미 지어진 인접건물에 대한 스크린으로 작용함과 동시에 거실과 주방에서의 조망이 더 양호한 방향으로 이루어지도록 유도한다. 3층은 크기가 서로 다른 두 개의 자녀방이 넓은 외부 데크를 사이에 두고 구성되어 있으며, 돌출된 부분 상부의 데크를 통해 자연의 매력에 한발 더 나아갈 수 있도록 의도하였다.

Studio KHK is a 3 story house with a small studio on the ground floor, and is a collaboration with Lee, Seung-hwan atelier17. As it stands on a corner which faces a steep hill on the south, it has rather poor sunlight, but well-preserved surroundings offer attractive possibilities and those were taken into account in the first place. Considering the budget limit, simple materials which could reveal how the building is conceived would suffice for the exterior, while the interior yielding more richness.

The boundaries between nature and the building, which inevitably derived from the solidness of the architectural guidelines for the Heyri Art Valley, were made ambiguous by intending exterior spaces to be like interior spaces, and vice versa. The house interacts with its surroundings in various ways and it is made possible through the simplest formal manipulations of the volume itself.

The master's bedroom is placed innermost part of the first floor, coupled with a small private garden confined by curved walls along the road. The studio lies open to the other branch of the road, ready to communicate with passersby. Most parts of the public space are placed on the second floor, which is more favorable in terms of the view and sunlight. The living room forms a relatively sufficient volume and has openings to two opposing sides, one of which has a large deck to the north with a good view. Extruded from the main building, the dining room defines exterior space in a rather active manner. The segmented wall that supports this part is slightly over-scaled to effectively screen adjacent buildings and guide the view from the dinning room to more desirable directions as well. On the third floor, two bedrooms with different volumes are prepared for the children, and a pocket-like deck comes in-between. On the roof of the extruded part is a open deck that could cast one amid the beauty of nature.

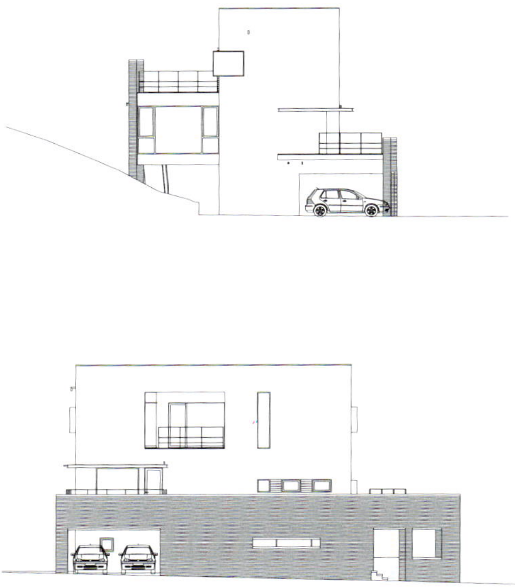

건축가 서용근 **건축주** 김여옥 **위치** 경기도 파주시 탄현면 헤이리 226호 **용도** 문화및집회시설, 근린생활시설 **대지면적** 456.10㎡ **건축면적** 164.15㎡ **연면적** 397.96㎡ **건폐율** 35.99% **용적율** 87.25% **층수** 지상3층 **구조** 철근콘크리트조 **외부마감** 전벽돌 **사진** 하지권 **Architect** Seo Yong Geun **Client** Kim Yo Ok **Location** 226 Heyri, Tanhyun-myun, Paju-si, Gyeonggi-do, Korea **Use** Commercial building **Site Area** 456.1㎡ **Bldg. area** 164.15㎡ **Gross floor area** 397.96㎡ **Bldg. coverage ratio** 35.99% **Gross floor ratio** 87.25%/ Three stories above ground **Structure** R.C **Exterior finishing** Brick **Photographer** Ha Ji Kwon

Aokaeru

청개구리

"그래. 넌 내게는 다른 소년들과
다를 바 없는 어린애에 지나지 않아.
그래서 난 네가 필요하지 않고
너도 내가 필요하지 않아.
너에게 난 수많은 여우와 똑같은
한 마리 여우에 지나지 않지.
하지만 네가 나를 길들인다면 우리는
서로가 필요해지는 거야.
넌 내게 이 세상에 하나뿐인
사람이 되는 거고 나도 너에게
이 세상에 하나뿐인 여우가 되는 거지."

"마음으로 보아야 더 잘 볼 수 있다는 거지.
가장 중요한 건 눈에 보이지 않는다는 거야."

"Just that," said the fox.
"To me, you are still nothing more than a little boy who is just like a hundred thousand other little boys.
And I have no need of you.
And you, on your part, have no need of me.
To you, I am nothing more than a fox like a hundred thousand other foxes.
But if you tame me, then we shall need each other.
To me, you will be unique in all the world. To you, I shall be unique in all the world..."

It is only with the heart that one can see rightly; what is essential is invisible to the eye.

ATTACCA

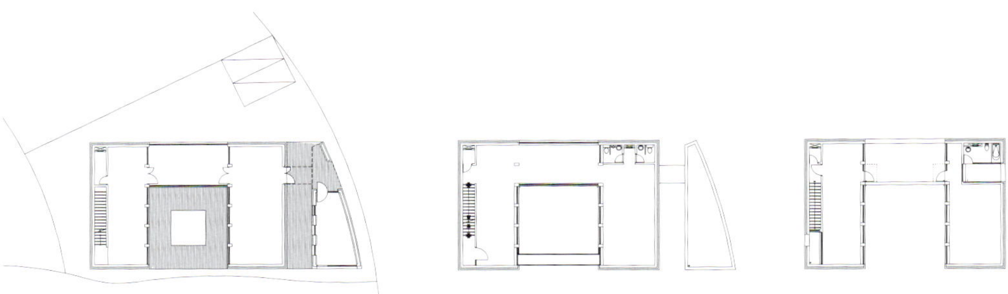

건축가 김종규 **건축주** 신명순, 김연진 **위치** 경기도 파주시 탄현면 헤이리 500호 **용도** 문화 및 집회시설, 주택 **대지면적** 692.80㎡ **건축면적** 257.07㎡ **연면적** 570.74㎡ **건폐율** 37.11% **용적율** 78.35% **층수** 지하1층~지상3층 **구조** 철근콘크리트조 **외부마감** 노출치장콘크리트, 복층폴리카보네이트 THK16, 투명복층유리 THK24 **사진** 권성혁 **Architect** Kim Jong Kyu **Client** Shin MyungSoon, Kim Youn Jin **Location** 500 Heyri, Tanhyun-myun, Paju-si, Gyeonggi-do, Korea **Use** Mixed-use building, Cultural facility, Residence **Site area** 692.8㎡ **Bldg. area** 257.07㎡ **Gross floor area** 570.74㎡ **Bldg. coverage ratio** 37.11% **Gross floor ratio** 78.35%/ One Story below ground, Three stories above ground **Structure** R.C **Exterior finishing** Exposed concrete, thk16 Double Layered polycarbonate, thk24 Transparent pair glass **Photographer** Kwon Sung Hyuck

Agora Museum

아고라

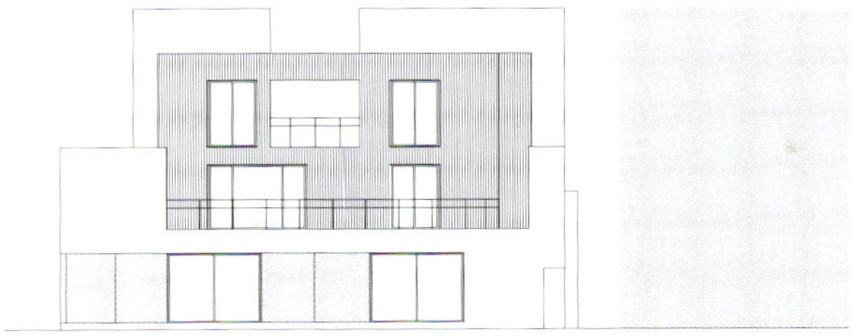

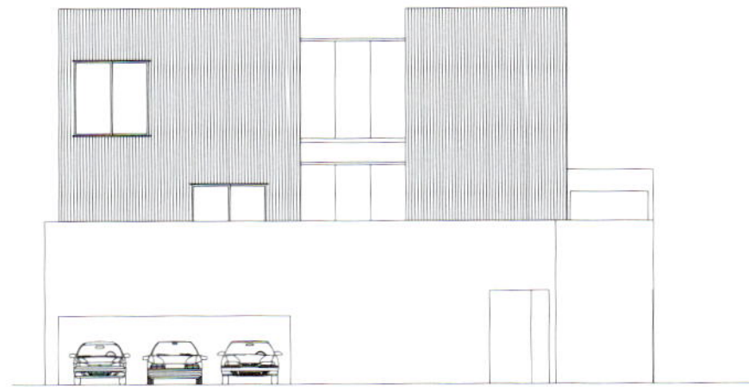

건축가 승효상 **건축주** 김정복, 이찬학 **위치** 경기도 파주시 탄현면 헤이리 473호 **용도** 주택 **대지면적** 330.50㎡ **건축면적** 130.36㎡ **연면적** 298.61㎡ **건폐율** 39.44% **용적률** 90.35% **층수** 지상3층 **구조** 철근콘크리트조 **외부마감** 내후성강판, THK24 투명복층유리 **사진** 이로재
Architect Seung Hyu Sang **Client** Kim Jung Bok, Lee Chan Hak **Location** 473 Heyri, Tanhyun-myun, Paju-si, Gyeonggi-do, Korea **Use** Residence **Site area** 330.50㎡ **Bldg. are** 130.36㎡ **Gross floor area** 298.61㎡ **Bldg. coverage ratio** 39.44% **Gross floor ratio** 90.35%/ Three stories above ground **Structure** R.C **Exterior finishing** Corten panel, THK24 Pair glass **Photographer** Lee Ro Jae

Kyuwon

규원

건축지침에 제시된 내용은 그 자체가 건축의 언어로 읽혀진다. 그것도 참으로 좋은 건축이어서 주어진 숫자적 볼륨을 형태로만 치환하면 나의 임무는 끝이 난다고 믿는다. 따라서 한 올의 덧댐도 스스로 허용하지 않았다. 지층에서 허용된 추가 볼륨도 추가적 의미를 그대로 들어내기 위해 본체를 강조하고 투명한 피막을 덧대는 것으로 건축지침에 대한 자세를 지켰다. 강박관념일 수도 있다. 그러나 여기 이 땅에 세워질 뭇 건축가들의 다채로운 기량을 생각하면 이 건축은 그냥 배경으로만 남는 것도 중요한 일일 것이라 여긴다. 그렇다. 이 건축은 이 땅 속에서 풍화되길 원한다. 그래서 재료도 시간 속에서 변해가는 내후성강판을 또 고집하였다.

The contents which are presented in the architectural guide can be read as architectural language itself. I believe my responsibility ends when I replace a numbered volume with a form, since the weathered architecture itself is truly good architecture. I kept the guideline out of emphasizing the main body and adding the transparent skin. This is for showing the additional volume permitted from the strata has additional meaning as it is. To keep the guideline may be my obsession. It is also an important thing that this house remains just as a background, if I consider diverse architectures by other architects. Yes, this architecture wants to be weathered into this ground. Therefore, I adhere to use corten panel as a material which changes in the process of time.

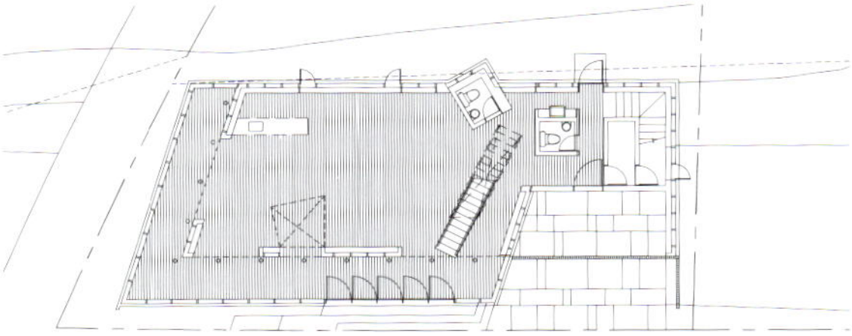

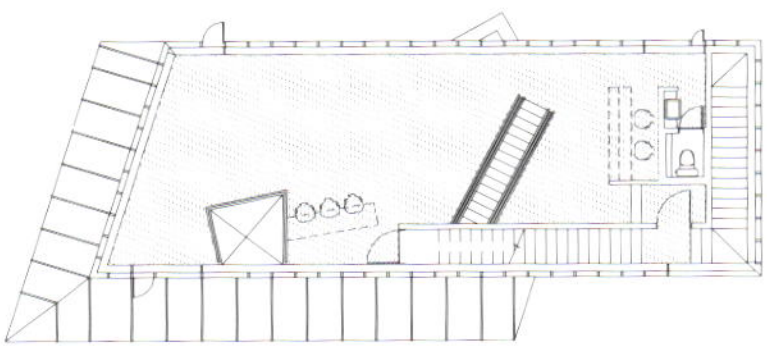

건축가 이상헌 **건축주** 이이화 **위치** 경기도 파주시 탄현면 헤이리 527호 **용도** 주택 및 문화시설 **대지면적** 435.50㎡ **건축면적** 185.24㎡ **연면적** 574.06㎡ **건폐율** 42.53% **용적률** 86.69% **층수** 지하1층~지상 3층 **구조** 철근콘크리트조 **외부마감** 노출콘크리트, 징크판넬 **사진** 이상헌
Architect Lee Sang Hun **Client** Li E Hwa **Location** 527 Heyri, Tanhyun-myun, Paju-si, Gyeonggi-do, Korea **Use** Residence, performance hall **Site area** 435.50㎡ **Bldg. are** 185.24㎡ **Gross floor area** 574.06㎡ **Bldg. coverage ratio** 42.53% **Gross floor ratio** 86.69%/ One stories below ground, Three stories above ground **Structure** R.C **Exterior finishing** Exposed concrete, Zinc Panel **Photographer** Lee Sang Hun

주거와 도시의 경계로서의 입면 Facade as Interface of House and City

대지주변의 모든 건축물이 들어서게 되면 이 집의 앞마당과 전면도로는 하나의 커뮤니티 중심을 형성하게 된다. 이러한 도시적 상황에 적극적으로 대응하면서 건물전면에 설치된 스크린 월은 사적공간과 공동체 공간의 경계를 매개하고 조절하는 기능을 하도록 했다. 발코니와 동선으로 활용되는 얇은 켜를 표면에 형성함으로써 건물의 얕은 폭에도 불구하고 공간의 깊이감을 줄 수 있도록 했다.

사랑채와 안채 Sarang Chae and An Chae

서재와 겸용되는 역사사랑방 및 집필실은 사랑채의 성격을 갖기 때문에 전통주택의 사랑채와 안채의 개념을 활용하여 가족을 위한 살림집과 분리했다. 대지의 여건상 수평적 분리가 어렵기 때문에 입체적으로 분리하고 반 외부공간의 성격을 갖는 계단으로 긴밀히 연결하였다.

History Sarangbang

역사사랑방

Since the building faces the community road, wooden screens on the facade mediates and controls privacy and communication level between the residence and city. In order to invoke a sense of depth in the transition from public to private space, layers were introduced at both edges of the building elevation, which are used as balconies or circulation areas.

Spaces were composed using the concept of traditional Korean House type, Sarang Chae (Household space and semi public area) and An Chae(Private House). However, they were separated vertically rather than horizontally while being intimatetly connected through stairs.

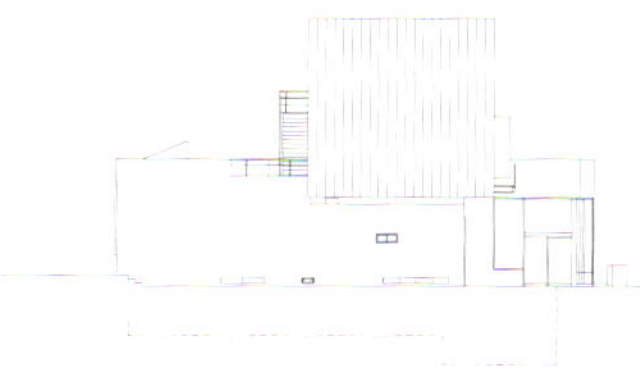

건축가 이종호 **건축주** 이경형, 박옥희 **위치** 경기도 파주시 탄현면 헤이리 522호 **용도** 갤러리 **대지면적** 435.6m² **건축면적** 167.72m² **연면적** 483.34m² **건폐율** 36.89% **용적률** 83.78% **층수** 지하1층~지상3층 **구조** 철근콘크리트조 **외부마감** 우드판넬 **사진** 김재경 **Architect** Lee Joung Ho, **Client** Lee Kyung Hyung, Park okhee **Location** 522 Heyri, Tanhyun-myun, Paju-si, Gyeonggi-do, Korea **Use** gallery **Site area** 435.6m² **Bldg. area** 167.72m² **Gross floor area** 483.34m² **Bldg. coverage ratio** 36.89% **Gross floor ratio** 83.78%/ One story below ground, Three stories above ground **Structure** R.C **Exterior finishing** Wood panel Interior finishing painting **Photographer** Kim Jae Kyung

몇 개의 필지들이 함께 공유하는 작은 외부공간에 면한 장소다. 한 언론인과 언론인이자 여성운동가인 부부가 작은 갤러리를 가진 집을 만들었다. 그에 더해 건축가는 운동을 위한 아지트 하나를 더 권했다.

모든 층들은 내부에서 통하지 않으며 서로 독립적이다. 갤러리는 손바닥만한 그림들이 전시되며 그 까닭으로 한 때 장(掌)편 갤러리란 이름을 가졌다. 지하의 아지트는 활동가들이 잠시 진을 칠 수 있는 환경이 마당과 함께 마련되어 있다. 2, 3층의 주택은 또 그 자체 독립적이며 그 중에도 서재는 또 분리되어 훗날 은퇴 후에도 집으로부터 출퇴근 한다. 아이들마저 다 떠나면 3층의 공간은 다 합쳐져 사람 좋아하는 이들 부부의 삶이 그려질 넓은 공간이 될 것이다. 집이 삶을 조직하는가 아니면 그 반대인가? 집이 삶을 조직한다고 믿기에는 그런 결정론이 마음에 닿지를 않는다. 적어도 이 집에서는 삶이 집을 만든 것이 틀림없으며 앞으로도 그럴 것이다. 다가올 수많은 생성을 위해 집이, 건축가가 우선 먼저 해야 할 일은 듣고, 보고 말거는 일이며 그 생성의 시작을 위한 판을 조심스레 엮어놓는 일이다. 1층의 콘크리트 덩어리 위에 철골이 얹혀 진혼 구조이다. 그 틀 위에 나무가 덧씌워져 있다. 만일 어느 날 다른 이야기를 나누게 된다면 벽이, 창이 변화할 수도 있다. 점점 소란스러워지는 헤이리에서 시간 속의 여러 풍경들을 달리 붙잡아 볼 여지를 생각하지 않을 수 없다. 지금은 집이 가진 여러 틈 속에서 달과 바람과 그것들이 내는 소리를 붙잡고 있지만 말이다.

Lee & Park Gallery

리&박 갤러리

The site shares a small exterior space with some of the neighboring sites.

A married couple of a journalist and a feminist wanted a house with a small gallery. In addition to it, the architect recommended another space for exercise. All of the floors are not connected inside the building, independent from one another. The gallery had been once called as alm Gallery' because it is the exhibition space for pictures of palm size. On the basement floor, there is a space with a court where artists and activists could stay for a while.

The spaces on the 2nd and the 3rd floor function as respectively independent houses. A private library can be also separated from the spaces that the clients could use the library as a workplace after retirement. Ever after their children leave home in future, the spaces on the 3rd floor could be unified, so that the couple's life might be filled with moments with their friends in that space. Dose the life follow a house? Or vice versa? The life following the house.... It is not pleasant. At least in this house, it is certain that the house has been defined and organized by the life inside it, and it will be. For the numerous things coming into being, the principles an architect should give priority to are looking, listening, speaking, and weaving the structure for the beginning of the being. In the Heyri Art Valley becoming more and more uproarious, I can not help taking lots of scenes and landscapes in time in different ways, though for now I am holding the sound of the moon and the wind among the spaces of houses.

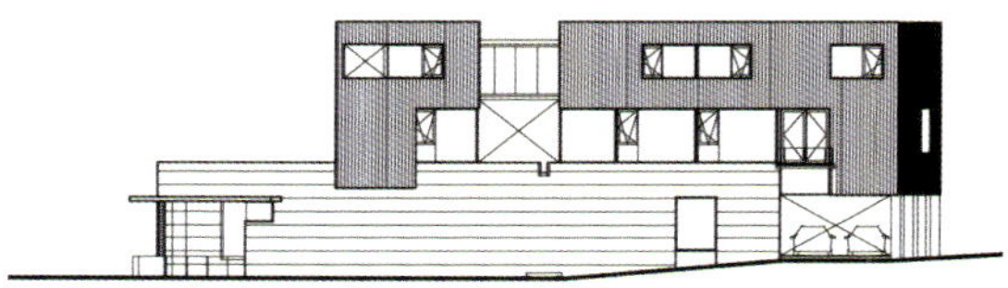

건축가 이동헌 **건축주** 이주헌, 김선희 **위치** 경기도 파주시 탄현면 헤이리 535호 **용도** 근린생활시설, 주택 **대지면적** 461.1㎡ **건축면적** 165.9㎡ **연면적** 259.31㎡ **건폐율** 35.98% **용적률** 56.24% **층수** 지상2층 **구조** 철근콘크리트조 **외부마감** 드라이비트뿜칠 **사진** 하지권 **Architect** Lee Dong Hun **Client** Yi Joo Heon, Kim Sun Hee **Location** 535 Heyri, Tanhyun-myun, Paju-si, Gyeonggi-do, Korea **Use** Commercial building, Residence **Site area** 461.1㎡ **Bldg. area** 165.9㎡ **Gross floor area** 259.31㎡ **Bldg. coverage ratio** 35.98% **Gross floor ratio** 56.24%/ Two stories above ground **Structure** R.C **Exterior finishing** Dryvit spay coating **Photographer** Ha Ji Kwon

4명의 자녀가 성장하는 과정에서 계획건물이 가족간의 유대관계를 돈독히 하는데 일조할 수 있도록 공간 구성 및 각 공간간의 동선계획에 많은 비중을 두었다. 개인적인 공간보다는 가족모두가 함께할 수 있는 공간의 비율을 높이고 각 공간들을 이어주는 동선이 수평 또는 수직으로 막힘없이 연결될 수 있도록 하였다. 각 실간의 동선연결이 약간의 소음을 전달하는 불편을 줄 수도 있을 수 있으나 그 동선의 흐름에 따라 건물 내부의 공기와 가족의 마음, 사랑도 함께 전달되리라 생각했다. 건물 중앙홀에는 작은 화단을 두고 2층높이의 대나무를 심어 건물 안 어느 곳에서나, 또 어느 곳으로 이동하는 동선에서나 실내조경을 느낄 수 있도록 하여 정서적 안정에 도움을 주도록 계획하였다.

Much emphasis is placed on spatial composition and walking lines for the family with four children to have an intimate relationship, while they are growing up. In this regard, there are more spaces for the all family members than individuals, and all the walking lines linking to each public space is smoothly connected with each other both horizontally and vertically. It might be slightly inconvenient because of the transmission of a noise caused by the adjacent walking lines between rooms. However, the air in the inner building and warmhearted love are to be dispersed corresponding to the flow of walking lines. A small flower bed is designed in the central hall of the building and bamboos with the height of the 2nd floor are planted so that anyone can enjoy the indoor landscape from any public area and any walking lines in this building, which will eventually enhance emotional stability of the family members.

Baujae
바우재

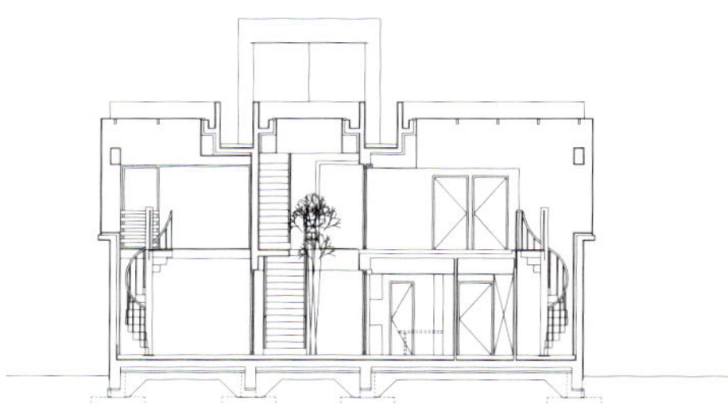

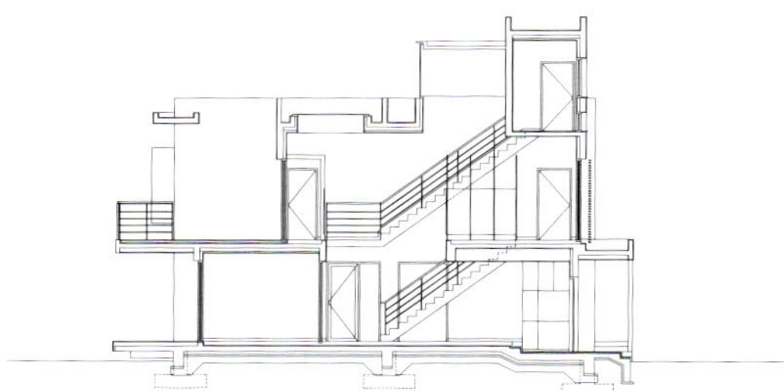

건축가 김종규 **건축주** 배병우 **위치** 경기도 파주시 탄현면 헤이리 536호 **용도** 근린생활시설, 주택 **대지면적** 1236.6㎡ **건축면적** 165.5㎡ **연면적** 268.12㎡ **건폐율** 13.38% **용적율** 21.68% **층수** 지상3층 **구조** 철근콘크리트 **외부마감** 노출콘크리트 **사진** 권성혁 **Architect** Kim Jong Kyu **Client** Bae Bien U **Location** 536 Heyri, Tanhyun-myun, Paju-si, Gyeonggi-do, Korea **Use** Commercial building, Residence **Site area** 1236.6㎡ **Bldg. area** 165.5㎡ **Gross floor area** 268.12㎡ **Bldg. coverage ratio** 13.38% **Gross floor ratio** 21.68%/ Three stories above ground **Structure** R.C **Exterior finishing** exposed concrete **Photographer** Kwon Sung Hyuk

BBU studio

BBU 스튜디오

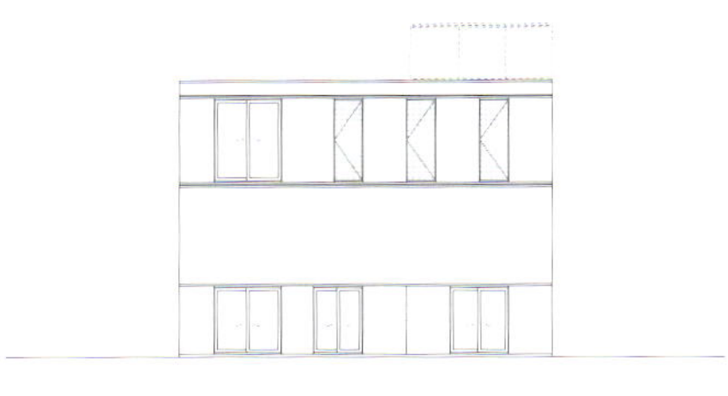

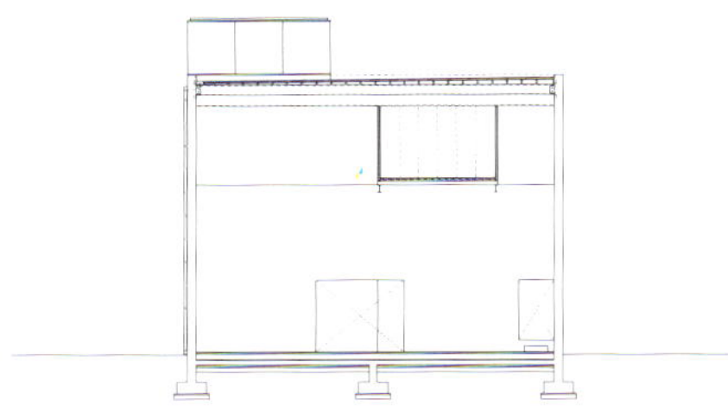

건축가 김동진 **건축주** 문창옥, 유해분 **위치** 경기도 파주시 탄현면 헤이리 517호 **용도** 주택, 근린생활시설 **대지면적** 514.8㎡ **건축면적** 161.99㎡ **연면적** 327.76㎡ **건폐율** 31.47% **용적률** 63.66% **층수** 지상3층 **구조** 철근콘크리트조 **외부마감** 소폭미송 노출콘크리트, THK18 방부독 사이딩 **사진** 코지하우스 **Architect** Kim Dong Jin **Client** Moon Chang Ohk, You Hae Boon **Location** 517 Heyri, Tanhyun-myun, Paju-si, Gyeonggi-do, Korea **Use** Residence, Mixed-use facility **Site area** 514.8㎡ **Bldg. area** 161.99㎡ **Gross floor area** 327.76㎡ **Bldg. coverage ratio** 31.47% **Gross floor ratio** 63.66%/ Three stories above ground **Structure** R.C **Exterior finishing** Exposed concrete **Photographer** Coji House

하나의 부지 위에 설계를 처음 시작할 때의 막막하지만 흥미로운 기대감이 일로서의 건축에서 가장 큰 매력 중에 하나이다. 헤이리 단지계획에 의해 정해진 Volume의 틀 속에, 오랫동안 건축주가 고민해서 이미 확정된(?) 평면 Layout...

이 프로젝트는 건축가로서 이러한 상황을 풀어야할 커다란 제약조건으로 받아들여야 할지에 대한 질문으로 시작되었다. 평소의 생각처럼 paysage안에서의 renovation이 건축임을 증명이라도 하듯 이제는 도면과 조금은 다른 건물, 그리고 세번째 건설업체에 의해, 오래 전부터 준공을 앞두듯 서 있는 건물 앞에서 학생들과 이야기했던 건축가의 소신에 대해 생각해본다.

Cozy House

코지하우스

Renovation or Architec Design?

It is very difficult to start drawing up a plan on a building site. However, there is also exciting expectation which is the most attractive in the work of architecture when the plan starts. In the mold of volume settled by the housing development project of Heyri, the Layout of level already confirmed by the client who have thought so long time. This Project has started as a question about how to accept the restricted conditions. It seems that renovation in paysage demonstrate a architecture like long-though wish ordinalily Now, I think about belief of an architect who talked with students in front of the building that was nearly completed by a third constructor and is a little different from the blueprint.

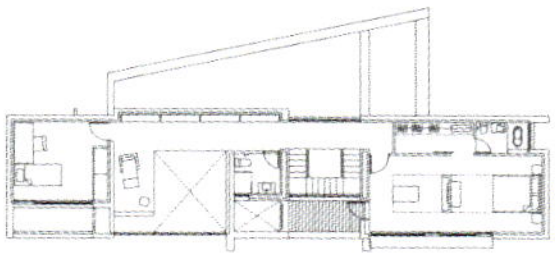

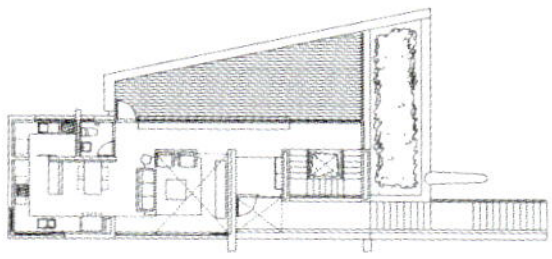

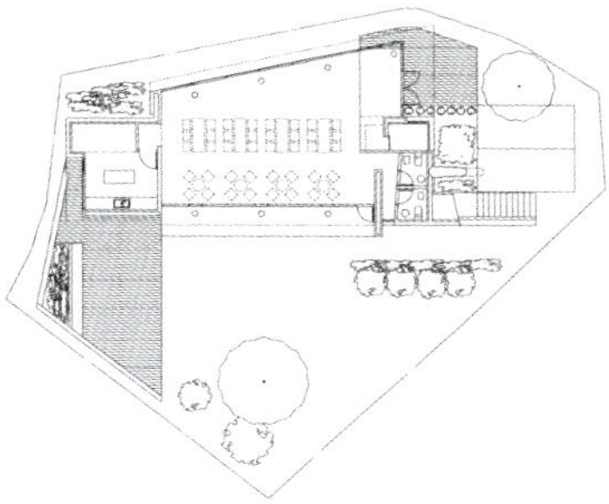

건축가 김준성+김종규 **건축주** 헤이리마을회 **위치** 경기도 파주시 탄현면 헤이리 539호 **용도** 다목적 홀 **대지면적** 3,741.21㎡ **건축면적** 1,262.4㎡ **연면적** 585.53㎡ **건폐율** 33.74% **용적율** 15.65% **층수** 지상2층 **구조** 철근콘크리트조 **외부마감** 노출콘크리트, 투명복층유리 THK18, 폴리카보네이트, 모아비데크 **사진** 하지권 **Architect** Kim Jung Sung+Kim Jong Kyu **Client** Heyri **Location** 539 Heyri, Tanhyun-myun, Paju-si, Gyeonggi-do, Korea **Use** Community House **Site area** 3,741.21㎡ **Bldg. area** 1,262.4㎡ **Gross floor area** 585.53㎡ **Bldg. coverage ratio** 33.74% **Gross floor ratio** 15.65%/ Two stories above ground **Structure** R.C **Exterior finishing** Exposed concrete, paint **Photographer** Ha Ji Kwon

헤이리의 마스터플랜을 보면 흡사 손가락을 벌리고 있는 손의 형상을 하고 있다. 커뮤니티 센터의 부지는 가운데 손가락의 맨 끝 부분, 동서로 레벨이 다른 두 도로 사이에 위치하고 있다.

동쪽의 도로는 헤이리 단지 전체를 순환하고 있는 폭 30미터의 주도로이며, 서쪽의 도로는 폭 6미터의 단지 내 도로이다. 커뮤니티 센터 부지의 가장 높은 레벨은 동쪽의 주도로 변을 따라 형성되며 서쪽 도로를 향해 가파르게 5미터 가량 내려오다 다시 평지를 이루며 헤이리 단지와 만나게 된다. 커뮤니티 센터 부지의 오른쪽은 공동 광장으로 지목되어 있어, 센터와 광장간의 연계 또한 프로그램의 중요한 부분으로 고려된다. 커뮤니티 센터의 기본 개념은 단일 혹은 다수의 완성된 오브제로서의 건축적 성격을 띠는것이 아니라, 의도적으로 경계가 없는 중성적 공간을 형성하는 것에 있다. 대지의 윗부분에 있는 주도로의 경계를 따라 연속된 인공적 판들을 대지 내로 연장시켜, 남북으로 수평하게 연속된 구성과 동서 부지의 레벨 차이로 생기는 사이 공간 자체가, 커뮤니티 센터가 되는 것이다. 이것은 부지가 갖는 전체 지형의 특성 자체를 하나의 형태로 전환하려는 의도이다. 이곳에서의 공간들은 더 이상 '안'과 '밖'의 경계가 분명하지 않게 된다.

Community House

헤이리 커뮤니티하우스

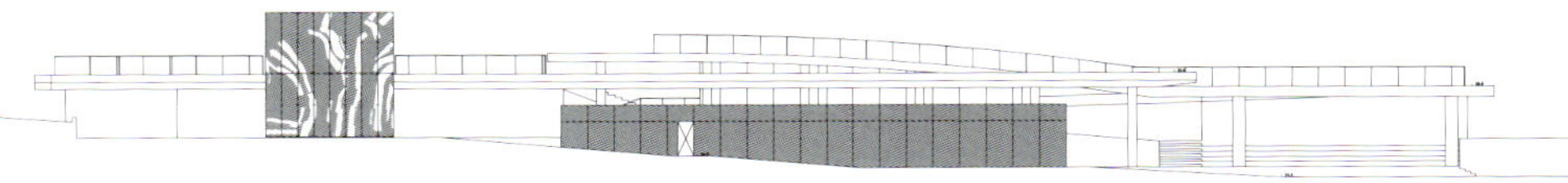

Located at the eastern entrance of the Heyri Art Valley, the Community Center lies between the 30 meter-wide main road that circumscribes the edge of the town and the 6 meter-wide town road that extends and connects to the town plaza. The highest point of a sloping site is along the main road and slopes down toward the town. So the building can be approached from both sides of the roads with the sectional differences of approximately 4.5 meters between the two levels.

The main concept is to intentionally erase the object ness of architecture but to create a non-spatial space. The two datum/infrastructure lines found within the site are then extended into the site generating a smooth and continuous surface which negotiates the sectional differences. By means of overlapping and folding of these planes, non-spatial space emerges between the revealed gaps. Here spaces are not separated into distinct 'outside' and 'inside' but presents itself as an extension of the site itself as well as its abstraction. This notion is further accentuated in the outer envelope of the center by the application of the reflected surface materials which absorb and extend nature into architecture creating perceptual blurring of the space.

건축가 우경국 **건축주** 이재영 **위치** 경기도 파주시 탄현면 헤이리 540, 541호 **용도** 주택, 작업실 **대지면적** 495.87㎡ **건축면적** 240.83㎡ **연면적** 434.76㎡ **건폐율** 48.57% **용적률** 87.68% **구조** 철근콘크리트조 **층수** 지하1층~지상2층 **외부마감** 노출콘크리트, 목재패널 **사진작가** 우경국, 하지권
Architect Woo Kyung Kook **Client** Lee Jae Young **Location** 540, 541 Heyri, Tanhyun-myun, Paju-si, Gyeonggi-do, Korea **Use** Residence, Workstudio **Site area** 495.87㎡ **Bldg. area** 240.83㎡ **Gross floor area** 434.76㎡ **Bldg. coverage ratio** 48.57% **Gross floor ratio** 87.68%/ One story below ground, Two stories above ground **Structure** R.C **Exterior finishing** Exposed Concrete, Wood panel **Photographer** Woo Kyung Kook, Ha Ji Kwon

도도헌은 세라믹갤러리, 작업 공간, 주거영역으로 구성된 복합건축물이다. 대지는 커뮤니티하우스 근처로서 6m내부도로와 30m외곽도로 사이에 있고, 동서로 3개의 다른 레벨을 가지고 있다. 이 건물의 중요 논점은 '커뮤니티하우스와의 연속성', '내·외부도로의 연결', '주거부분의 분리', '외부 공간 형성'이 핵심을 이룬다.

Do Do-Hun is a complex building which is composed of a ceramic gallery, a workplace and resident area. The site is near the community house and is situated between a 6m road and a 30m circulation road, and it has 3 different altitudes between east and west side. Main issues for this building are 'continuity with the community house', 'connection between inner-outer roads', 'separation of living section' and 'making outside neutral spaces'.

Do Do Hun
도도헌

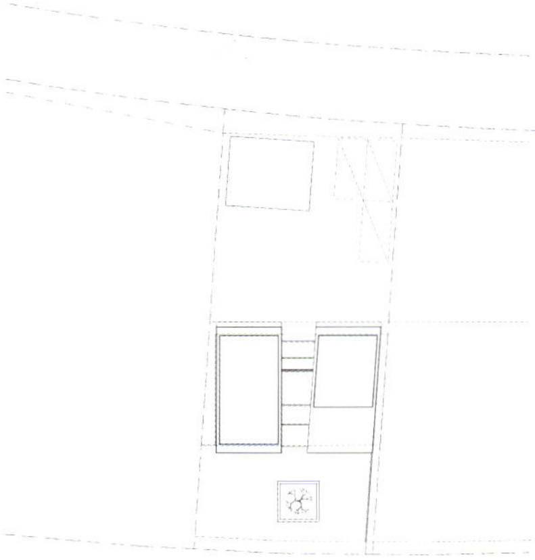

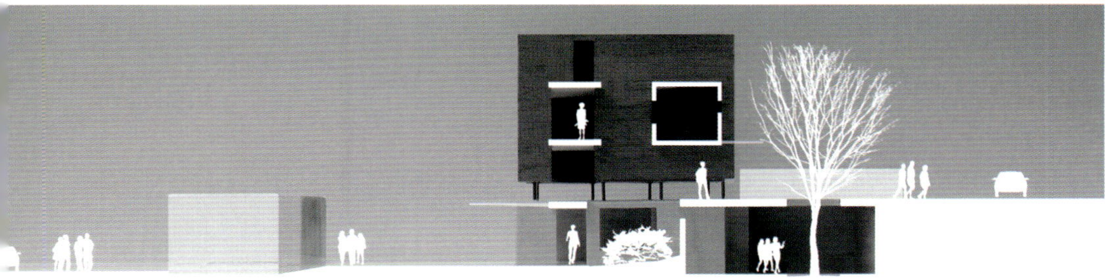

건축가 함성호 **건축주** 주양미, 이용재 **위치** 경기도 파주시 탄현면 헤이리 541호 **용도** 주택, 갤러리 **대지면적** 754.4㎡ **건축면적** 122.67㎡ **연면적** 476.32㎡ **건폐율** 17.61% **용적율** 63.14% **층수** 지상3층 **구조** 철골철근콘크리트조 **외부마감** T24반사복층유리, T12강화유리 **사진** 하지권 **Architect** Haam Sung Ho **Client** Ju Yang Mi, Lee Yong Jae **Location** 541 Heyri, Tanhyun-myun, Paju-si, Gyeonggi-do, Korea **Use** Residence, Gallery **Site area** 754.4㎡ **Bldg. area** 122.67㎡ **Gross floor area** 476.32㎡ **Bldg. coverage ratio** 17.61% **Gross floor ratio** 63.14%/ Three stories above ground **Structure** S.R.C **Exterior finishing** Stuco, Wood **Photographer** Ha Ji Kwon

나는 또 하나의 대지를 갖고 싶었다. 2층에는 바닥에서 나무와 풀이 자라는 집을... .
I wanted to have another site, on which grass and trees grow on the 2nd floor...

Le Bec Sucré
르 베크 슈끄레

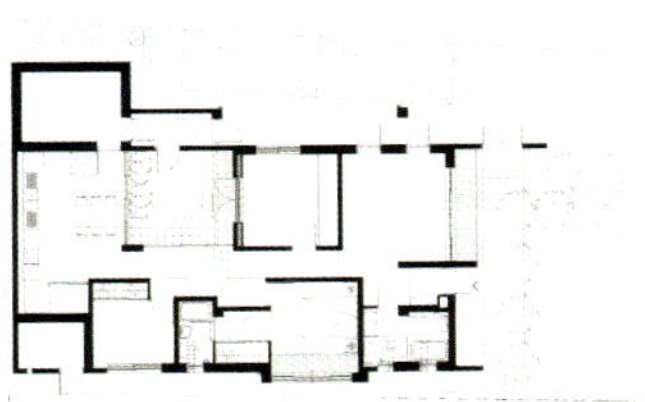

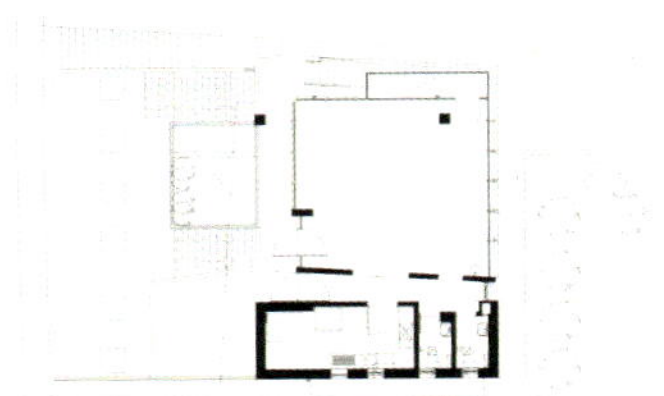

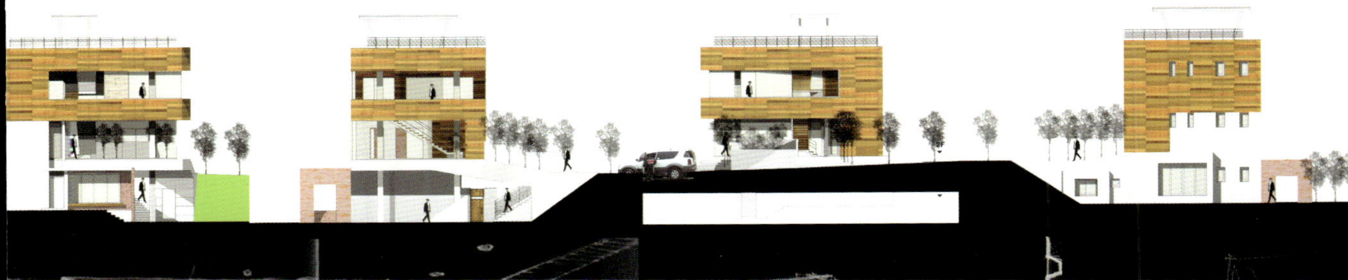

건축가 함성호 **건축주** 김기호, 김미선 **위치** 경기도 파주시 탄현면 헤이리 542호 **용도** 갤러리, 레스토랑 **대지면적** 1527.90㎡ **건축면적** 319.01㎡ **연면적** 701.30㎡ **건폐율** 20.88% **용적율** 45.90% **층수** 지상3층 **구조** 철근콘크리트조 **외부마감** 회벽뿜칠+시멘트블럭 **사진** 하지권 **Architect** Haam Sung Ho **Client** Kim Ki Ho, Kim Mi Seon **Location** 542 Heyri, Tanhyun-myun, Paju-si, Gyeonggi-do, Korea **Use** Gallery, Restaurant **Site area** 1527.90㎡ **Bldg. area** 319.01㎡ **Gross floor area** 701.30㎡ **Bldg. coverage ratio** 20.88% **Gross floor ratio** 45.90%/ Three stories above ground **Structure** R.C **Exterior finishing** Stuco, Cement block **Photographer** Ha Ji Kwon

Creta

크레타

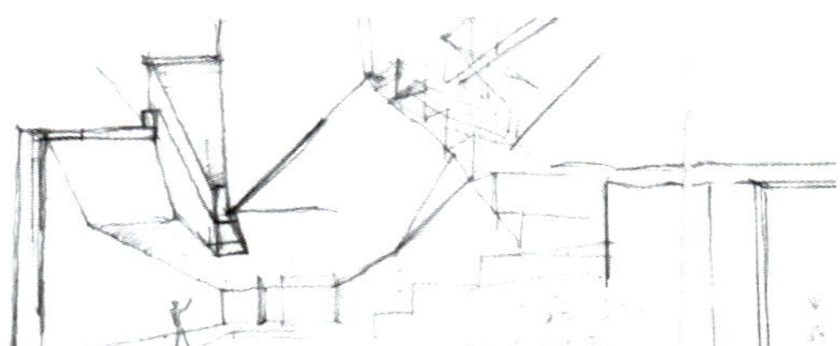

나는 이 집을 한조각 구름처럼 공중에 띄우고 싶었다. 그래서 조선집의 대청마루와 누마루를 복합적으로 연결시켰다.
I imagine this house floated as cloud, so I compositively connected the Daechongmaru and Lumaru of Traditional korean architecture.

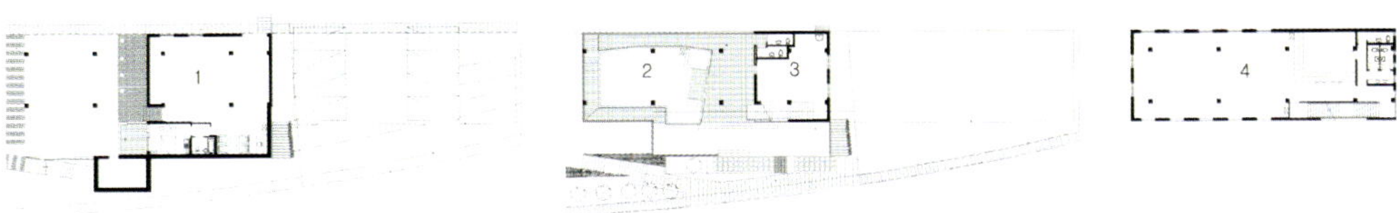

건축가 김관석 **건축주** 최향선, 민명준 **위치** 경기도 파주시 탄현면 헤이리 551호 **용도** 주택 **대지면적** 1236.6㎡ **건축면적** 165.5㎡ **연면적** 268.12㎡ **건폐율** 13.38% **용적율** 21.68% **층수** 지상3층 **구조** 철근콘크리트 **외부마감** 노출콘크리트 **사진** 김관석 **Architect** Kim Kwan Seok **Client** Choi Hyang Sun, Min Myeong Joon **Location** 551 Heyri, Tanhyun-myun, Paju-si, Gyeonggi-do, Korea **Use** Residence **Site area** 1236.6㎡ **Bldg. area** 165.5㎡ **Gross floor area** 268.12㎡ **Bldg. coverage ratio** 13.38% **Gross floor ratio** 21.68%/ Three stories above ground **Structure** R.C **Exterior finishing** Exposed concrete **Photographer** Kim Kwan Seok

갤러리 B-9-1의 대지는 나무들로 가득 찬 언덕의 자락에 위치하고 있다. 한편 평면적으로는 소유한 대지의 모양이 사다리꼴로 되어 있다. 화가인 건축주가 원하는 프로그램은 아래층에 갤러리와 창고 위층에는 작업장과 침실이었다. 좌측에 이어진 계단은 등산로가 되고 건물의 지붕은 암반 테라스가 되는 집을 설계하였다. 언덕아래 언덕에 파묻혀 언덕의 전망대 바위와 같은 갤러리를 만든 것이다. 이 건물 지붕은 근처에 있는 헤이리 커뮤니티센터의 야외마당에서 일어나는 공연 등의 이벤트를 관람하는 발코니인 것이다. 외부 재료는 거친 콘크리트로 하고 외벽에는 공사 중 사용된 핀들을 나둔 채로 쇠줄로 연결하여 아래의 덩굴 식물이 뒤덮을 수 있도록 하였다. 그래서 자연 속에 지은 건축물이 자생식물에 덮히고 지형을 따라 생긴 테라스가 산등성이 역할을 해낼 때 이 갤러리는 헤이리 마을과 점점 더 잘 어울리게 될 것을 기대해 본다.

Choi Hyang Sun · Min Myung Jun

Studio

최향선 · 민명준 스튜디오

The site of Gallery B-9-1 is located at the foot of small hill with mamy trees and the shape of the lot is trapezoidal. The client, who is a painter, wanted to have gallery space and storage on the first level. And painting space, kitchen, dining room and small bedroom are in the second level. The concept of building is sort of viewpoint rock on the hill with stairs as trail on the left. On the roof people can watch events which happen in outdoor stage of Heyri Community Center. Exterior material is exposed rough concrete with pins which were used for construction and connected with steel wire, so some vine can grow along easily. So I expect that concrete boxes will work as rocks on the hill and covered with wild vines and this studio get along more and more with other buildings of Heyri Village.

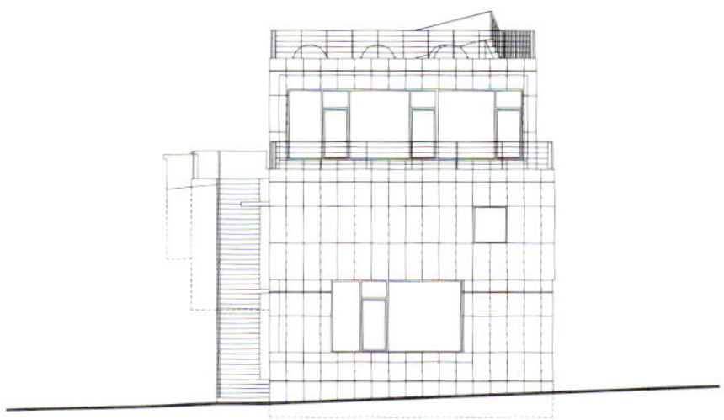

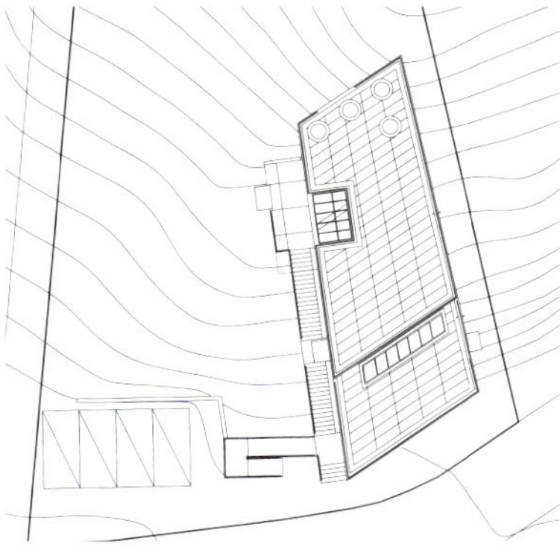

건축가 이정규 **건축주** 이정규, 유경순 **위치** 경기도 파주시 탄현면 법흥리1652-485 **용도** 갤러리, 레스토랑, 스튜디오, 주택 **대지면적** 459.5㎡ **건축면적** 227.12㎡ **연면적** 600.66㎡ **건폐율** 49.43% **용적율** 98.18% **층수** 지하1층~지상3층 **구조** 철근콘크리트조 **외부마감** 노출콘크리트 **사진** 이솔네
Architect Lee Jeong Kyu **Client** Lee Jeong Kyu, Yoo Kyung Soon **Location** 1652-485 Beopheung-li, tanhyunmyun, paju-si, kyonggi-do, Korea **Use** Gallery, Restaurant, Studio, Residence **Site area** 459.5㎡ **Bldg.area** 227.12㎡ **Gross area** 600.66㎡ **Bldg. coverage ratio** 49.43% **Gross floor ratio** 98.18%/ One stories below ground, Three stories above ground **Structure** R.C **Exterior finishing** Exposed Concrete **Translator** Robert Watkins **Photographer** Lee Sol Ne

– 하늘 – 매스는 뒷언덕으로 향하는 땅의 경사도와 나란히 하늘로 향하여, 위로 갈수록 평면은 줄고, 방마다 테라스가 덧붙여져 푸른 하늘로 열린다. 지중해의 마을, 몬테프리오, 아말피, 산토리니 등 그 버나큘러의 건축적 감동이 나를 자유롭게 두지 않는다. 하늘로의 계단길, 옥상의 물과 하얀 벽, 디테일의 의도적 방기 등, 많은 요소들이 이 오래된 마을들에 빚지고 있다.

– 틈 – 채의 실체성보다 오히려 틈이 더 생산적이다. 틈은 무거울 매스를 나누며, 각 공간으로의 작은 마을길로서 역할한다. 스탠드와 테라스, 옥상정원은 객석이 되어 세 기둥으로 이루어진 무대의 스크린과 소공연을 관람할 수 있다. 틈의 건축적 산책으로 자연과 인공, 뒷동산과 앞길, 더 멀리의 시각을 다양하게 맛볼 수 있다. 더불어, 거울과 하늘구멍을 통하여 자끄 라깡이 바라본 세계를 짐작해본다.

-Sky-The mass of the building points toward the crest of the hill in an angle similar to the slope of the land. The silhouette dictates that the level surfaces grow smaller as one approaches the upper floors where terraces open to the blue sky. The memory of Mediterranean villages of Montefrio, Amalfi, Santorini and their vernacular architecture have left an impression upon me that refuses to loosen its grip on my imagination. The stairs which climb skyward, the water on the roof and the bright white walls, the intentional lack of attention to details I am indebted to these many elements which manage to provide access to both earth and sky, a method learned only through experiencing these villages firsthand.

-Void-Voids are more productive than the substantiality of the masses themselves. The building's

Espace de ciel
하늘틈

mass is devided and lightens what could otherwise be a heavy mass and also functions like a small village road. The stand, terrace and rooftop garden also provide places from which to view the performances played out upon the stage surrounded by three pillars. Ascending and descending the stairs affords you the ability to experience the diversity of the natural and man-made, the backyard garden, the road in front as well as other more distant views. In addition, the mirror which projects nature and the hole opening to the sky allow one to form an idea of the world like the one Jacques Lacan gazed upon.

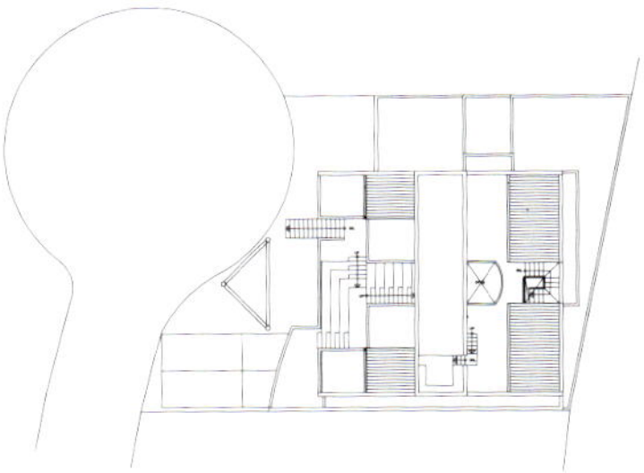

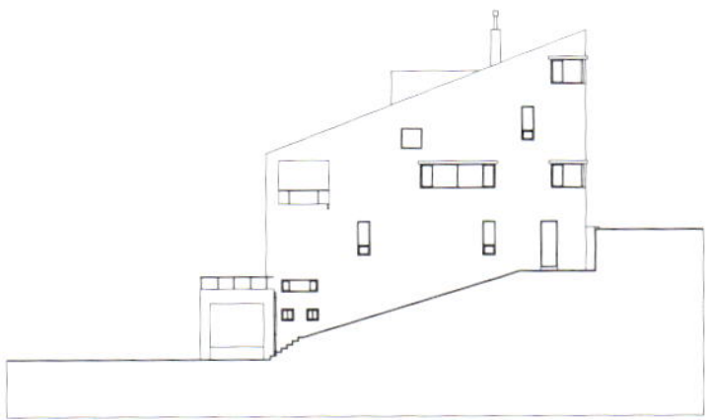

Heyri Micropolis

은 | 행 | 마 | 을

건축가 이은영 **건축주** 안재영 **위치** 경기도 파주시 탄현면 법흥리1652-3 **용도** 공방, 주택 **대지면적** 231.9m² **건축면적** 71.5m² **연면적** 244.53m² **건폐율** 27.99% **용적률** 58.51% **층수** 지하1층~지상3층 **구조** 철근콘크리트조 **외부마감** 모노쿠시 **사진** 김춘기, 이정진 **Architect** Lee Eun Young **Client** Ahn Jae Young **Location** 1652-3 Beopheung-li, tanhyunmyun, paju-si, kyonggi-do, Korea **Use** Commercial building, Residence **Site area** 231.9m² **Bldg. area** 71.5m² **Gross floor area** 244.53m² **Bldg. coverage ratio** 27.99% **Gross floor ratio** 58%/One story below ground, Three stories above ground **Structure** R.C **Exterior finishing** monocouche **Photographer** Kim Choon Gi, Lee Jeong Jin

모든 문화권과 시대를 포용하는 건축의 기본어휘를 우리 시대의 정서로 구사함을 통해 얻어낼 수 있는 건축의 형태를 찾아가는 작업이다. 헤이리 단지내에서 진행하고 있는 3개의 주택프로젝트를 통해 3가지의 프로토타입을 제시한다.

본 H-67 프로젝트는 그 첫 번째 시도로서, 긴 매스의 끝 부분에 위치한 건물로에 내재된 강한 수평성의 다이내믹을 증폭시키며 그것을 건축적 테마로 끌어내는 작업이다. 수직적 좁은 개구부의 반복을 통해 수평적 깊이를 인지케 하고, 구사하는 건축어휘의 변용으로 방향성을 설정하였으며, 건물 내부의 내재된 욕구가 조형의지와 결합되며 남쪽으로 향해 테라스가 반복되는 모습으로 정리되었다. 창, 열주, 테라스, 난간 등 극히 기본적인 건축요소가 추상화 되며 하나의 조소를 형성하고 있으며, 그 작업과정의 중심에 놓인 테마는 독특하고 완결성 있는 비례의 추적이다. 드러내고자 하는 건축적 테마를 극명하게 하고자, 모든 부수적 요소를 배제하고 색채와 재료를 단순화하여 그 추상성을 상승시켰다.

2번째의 프로젝트인 F36-3 주택의 경우, 주거지역의 경사진 내부도로의 정점에 놓인 대지의 여건에 맞는 강한 독립성을 갖는 오브제로서 적합한 타이폴러지를 꾀하였고, 3번째의 프로젝트인 C-24에서는 경사면을 타고 나오는 단순한 매스의 중심부에 형성되는 중앙의 구심적 물 공간과 산기슭을 타고 계단식으로 상승해 가는 외부공간을 테마로 하였다.

Lexon Design Store

디자인스토어렉슨

My architecture is a way to find an architectural form or shape by interpreting its basic vocabulary from all cultures and eras into the emotions of our age. I'd like to propose three prototypes through three housing projects which are under construction in Heyri Art Valley. As the first attempt, H-67 Project is to expand strong horizontal dynamics found in the building at the end of the long mass and to draw it as architectural themes. With repetition of vertical but narrow openings, it is possible to guess its horizontal depth, to set its orientation by changing its architectural vocabulary, to combine its desire hiding in the building with its architectural intention and to repeat its terraces toward the South. The very architectural elements such as windows, columns, terraces and railings are expressed in the abstract to form a sculpture. The theme of this work is to pursue its unique and complete proportion. So it elevates its abstraction by excluding all the additional elements and simplifying its colors and materials to clearly reveal its architectural theme. As the second attempt, F36-3 Project is to find out an adequate typology as an object which has a strong independency suitable for the site at the height of the sloping inter-road around the residential zone. C-24 Project, the third attempt, has a theme of a water space in the center of the simple mass forming from the sloping side and an outer space elevating step by step from the bottom of the mountain.

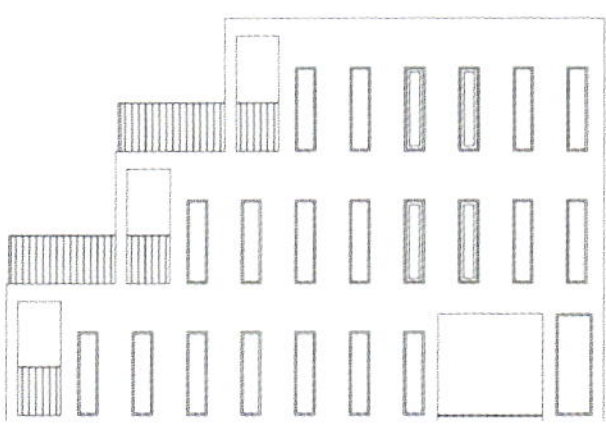
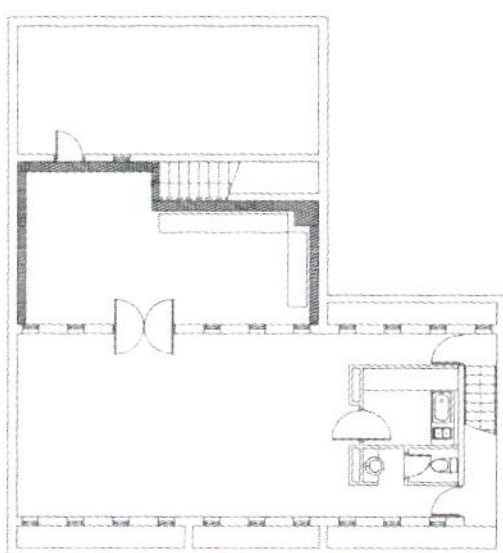
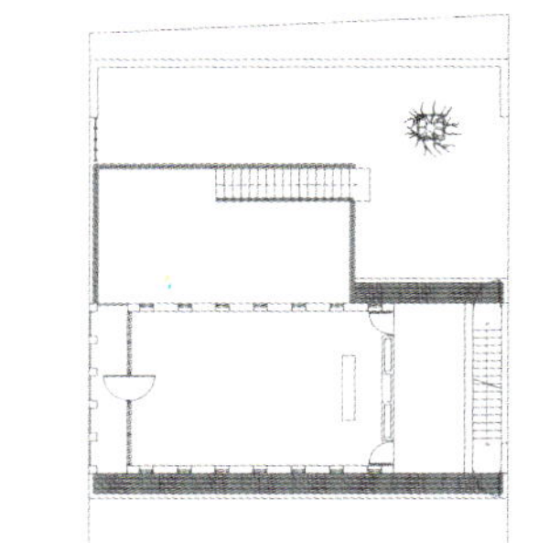

건축가 오우근+함은주 **건축주** (주)쌈지 **위치** 경기도 파주시 탄현면 헤이리 15호 **용도** 근린생활시설 **대지면적** 1019.30㎡ **건축면적** 432.47㎡ **건폐율** 39.87% **연면적** 843.06㎡ **용적율** 42.78% **층수** 지하1층~지상1층 **구조** 철근콘크리트조 **외부마감** 노출콘크리트 **사진** 김우일 **Architect** Oh Woo Keun+Hahm Eun Ju **Client** ssamzie **Location** 15 Heyri, Tanhyun-myun, Paju-si, Gyeonggi-do, Korea **Use** Commercial building **Site area** 1019.30㎡ **Bldg. area** 432.47㎡ **Gross floor area** 843.06㎡ **Bldg. coverage ratio** 42.78% **Gross floor ratio** 351.95㎡/ One stories below ground, One stories above ground **Structure** R.C **Exterior finishing** Exposed Concrete **Photographer** Kim Woo Il

설계의 초기단계에서 공사의 마무리 단계까지 일관되게 유지하고 반영하고자 했던 생각은 즐거움이었다. 그리고 그 즐거움은 혼자 즐기는 즐거움 보다는 다 함께 같이 하는 즐거움이기를 바랬다. 또한 이 건물의 주 이용객이 아이들과 그 보호자임을 감안할 때 아이들이 자연의 소중함과 아름다움을 느끼고 그 안에서 마음껏 뛰어 놀며, 보호자들은 그런 아이들의 모습을 흐뭇한 마음으로 편안하게 지켜볼 수 있도록 사방 어디에서도 서로의 바라봄이 가능한 구조로 만들었다. 그 바라봄은 아이와 엄마이기도 하고 자연과 인간이기도 할 것이다.

Fun was the main idea that provided the basis for the entire process of creating Dalki 2 from early design to the completion of the construction, and the fun is shared by others. Also, Dlaki 2 is designed in a way that allows children, the main users of the building, to have fun, to jump about to their heart's content, toappreciate nature, and to let their parents watch over them in a comfortable setting from anywhere in the building. In the end, it will be a place where humans and nature enjoy each other's presence.

I like ddalki2

딸기가 좋아2

매표소
캐릭터체험전시관
상지 미술 창고
공연장

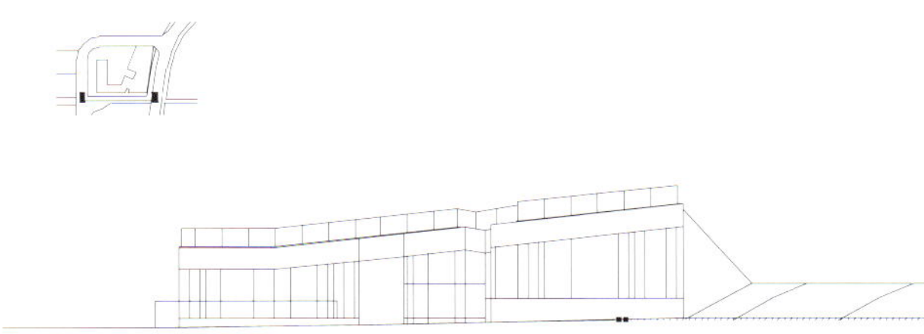

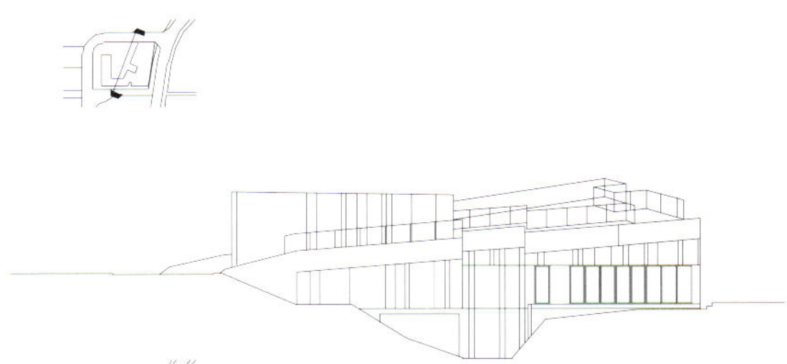

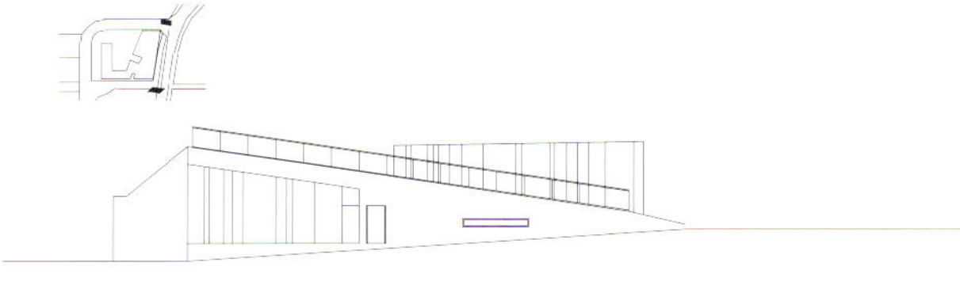

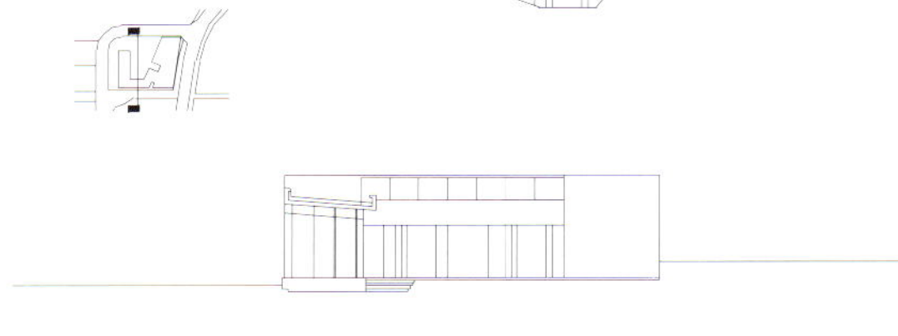

건축가 정진국 **건축주** 양희수 **위치** 경기도 파주시 탄현면 헤이리 75호 **용도** 사무실 **대지면적** 527.37㎡ **건축면적** 180.00㎡ **연면적** 474.42㎡ **건폐율** 34.13% **용적율** 89.90% **층수** 지상3층 **구조** 철근콘크리트조 **외부마감** 방부목 **사진** 박완순 **Architect** Jeong Jin Kouk **Client** Yang Hee Soo **Location** 75 Heyri, Tanhyun-myun, Paju-si, Gyeonggi-do, Korea **Use** office **Site area** 527.37㎡ **Bldg. area** 180.00㎡ **Gross floor area** 474.42㎡ **Bldg. coverage ratio** 34.13% **Gross floor ratio** 89.90%/ Three stories above ground **Structure** R.C **Exterior finishing** western red cedar **Photographer** Park Wan Soon

고저차가 거의 8미터에 달하는 구릉에 놓인 대지는 구부러진 도로의 정점에 위치하여 시선의 집중이 자연스럽게 이루어지는 곳이다. 따라서 높은 구릉이 병풍처럼 둘러진 이 대지에서 수직성과 수평성이 동시에 전개되고 있음을 느끼게 된다. 건축적 형상화는 바로 이 두 가지 상반된 모습을 극대화하는 작업이다. 하나의 단일 형태가 가지는 힘을 강조하고, 동시에 그 힘이 주변의 장애 요소로 작용하지 않도록 하기 위해서 네 면이 막힌 상자가 선택되었다. 물론 빛이 유입되도록 상자를 잘라내는 일이 필요하다. 카페, 갤러리, 사무실이 아래에서 위까지 차례대로 쌓여있고, 그 속에 배치된 기둥들은 공간적 긴장을 고양시키는 역할을 담당한다.

Yang Hee Soo Gallery

양희수갤러리

The land of 8 meters of difference in height on a hill, at the summit of a curved road, catches naturally the sight of passengers. The curves of the hill behind embrace the site and the building as a folded screen. Here, horizontality and verticality are simultaneously discovered. The intention of the architectural figuration is to maximize the two opposing spatial strengths. A cubic form has been chosen to consolidate the impact the single unit gives, and at the same time not to impede the surroundings. Though, it is necessary to make some parts open for light to penetrate. The cafe, the gallery and the office are superposed onto each other, and the columns within these space create a tension of space.

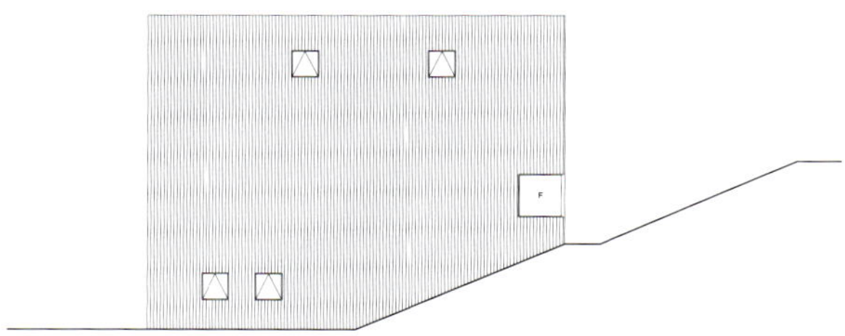

건축가 이민+손진 **건축주** 안상규, 이귀영 **위치** 경기도 파주시 탄현면 헤이리 67호 **용도** 전시실, 카페, 사무실 **대지면적** 273.2㎡ **건축면적** 104.2㎡ **연면적** 381.89㎡ **건폐율** 38.14% **용적율** 77.95% **층수** 지하1층~지상3층 **구조** 철근콘크리트조 **외부마감** 노출콘크리트, 모노쿠쉬 **사진** 남궁선, 이동규 **Architect** I Min+Son Jean **Client** Ahn Sang Kyu, Lee Kyu Yeng **Location** 67 Heyri, Tanhyun-myun, Paju-si, Gyeonggi-do, Korea **Use** Gallery, cafe, office **Site area** 1,219.83㎡ **Bldg. area** 273.2㎡ **Gross floor area** 381.89㎡ **Bldg. coverage ratio** 38.14% **Gross floor ratio** 77.95%/ one stories below ground, Three stories above ground **Structure** R.C **Exterior finishing** Exposed Concrete, MONOCOUCHE **Photographer** Namgoong sun, Lee Dong Kyu

헤이리의 지형은 반쯤 열려진 왼손과 흡사하다. 북동쪽에 자리한 네 개의 낮은 구릉과 남서쪽의 구릉 하나. 계획지는 단지 전체의 서쪽 진입부인, 손금으로 치면 엄지와 검지 사이에 패인 생명선의 시작부분에 위치한다. 대지의 윤곽은 직선과 곡선으로 이루어졌다. 방향을 달리하는 두 개의 곡선이 만나면서 생긴 예리한 모서리와 인접대지로부터 계획대지를 잘라내는 하나의 직선. 우리는 대지의 이러한 특성을 살리기로 하고 설계지침을 그대로 건축에 옮기기로 했다. 내부공간의 구성과 용도는 공사 진행 중에 다소 변경되었다. 전시장과 수장고, 작업실은 지하층에, 찻집은 1층에, 사무공간은 2,3층에 두었다. 외부의 재료와 색채는 단순하다. 하부는 노출콘크리트, 상부는 크림색돌가루 바르기. 오가는 사람들이 이 건물을 보면서 단단하며 고요한 건축주의 내면을 떠올릴 수 있었으면 한다.

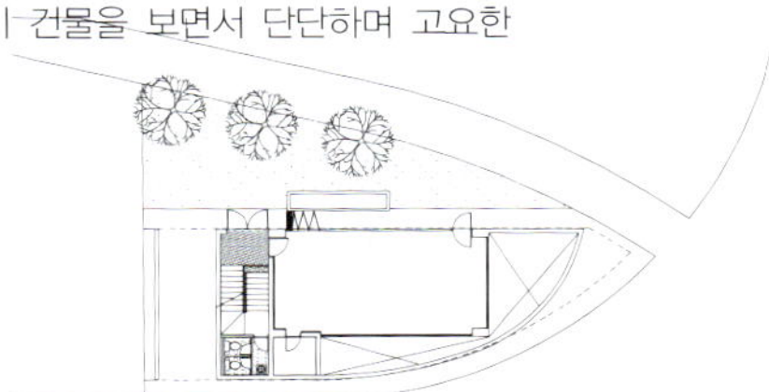

Ahn S.K Studio

안상규 스튜디오

The site is shaped out of a beeline, which have cut the site from the adjoining land, and curves that have met with sharp edge in different directions. We made the most of this shape of the site in our design. The white volume is sprung from lower part of the building that is curved along with the land. Also we had intended to show the owner's inner world in the building. The exterior finishing and the colors are simple. The lower part of the exterior wall is made of exposed concrete but stucco for the interior instead .

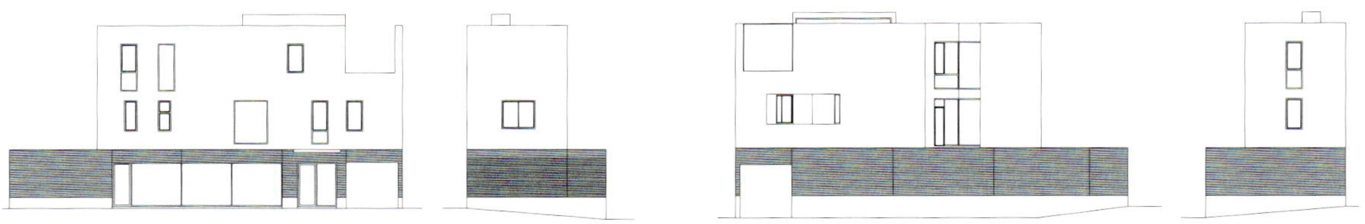

건축가 권문성 **건축주** 장우혁 **위치** 경기도 파주시 탄현면 헤이리 78호 **용도** 주택, 사무실 **대지면적** 843.94㎡ **건축면적** 284.50㎡ **연면적** 655.54㎡ **건폐율** 33.71% **용적률** 77.68% **층수** 지상3층 **구조** 철근콘크리트구조 **외부마감** 고밀도목재패널, 티타늄 아연합금판, 노출콘크리트 **사진** 문정식
Architect Kwon Moon Sung **Client** Jang Woo Hyok **Location** 78 Heyri, Tanhyun-myun, Paju-si, Gyeonggi-do, Korea **Use** Residence, Office **Site area** 843.94㎡ **Bldg.area** 306.35㎡ **Gross floor area** 655.54㎡ **Bldg. coverage ratio** 33.71% **Gross floor ratio** 77.68%/ Three stories above ground **Structure** R.C **Exterior finishing** Prodema, VM Zinc, Exposed concrete **photographer** Moon Jung Sik

티타늄징크판, 프로데마, 자작나무 합판과 같은 건축자재를 다루는 회사의 전시관과 사무실, 주택이 있는 집이다. 지어진 건물 자체로 그 자재들의 가능성을 보여주도록 계획되었다. 티타늄징크판으로 안과 밖을 길게 감싼 곡면터널로 전시관에 들어서며 빛과 재료가 만드는 변화를 느끼고, 2층 사무실로 오르는 계단에선 아주 가까이서 재료의 질감과 디테일을 보고 또 만질 수 있도록 하였다.

This building includes the office and showroom for architectural material company that deals with VM zinc, Prodema, birch plywood, and residential space. The building itself shows the use of their materials. The access to the buiding is from a curved tunnel of exhibitiun room, finish with VM zinc inside and outside. On the stairs up to the second floor, visitors can touch and feel the textures and details of the materials.

The Sunnie International gallery

선이인터내셔날

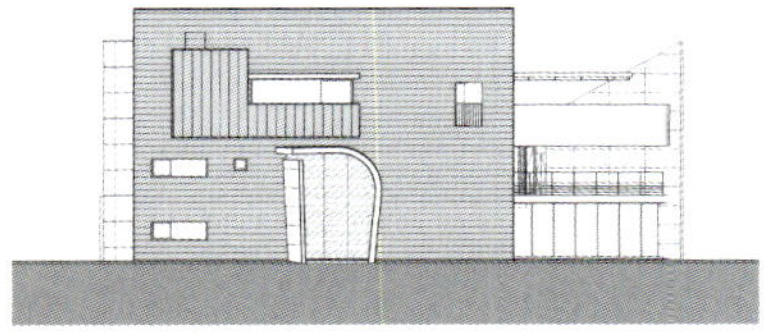

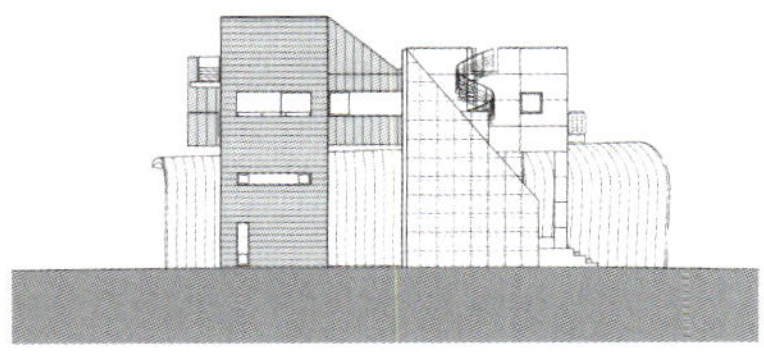

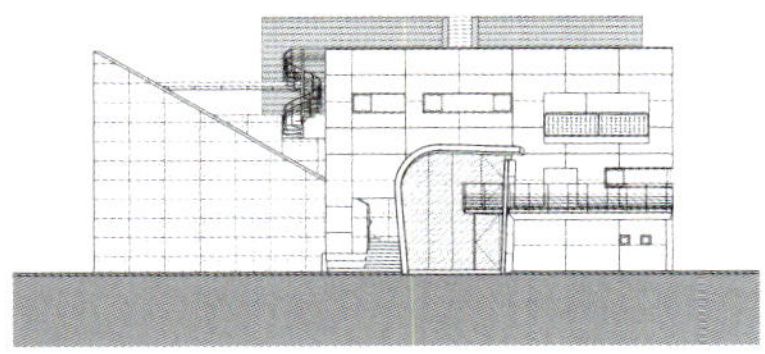

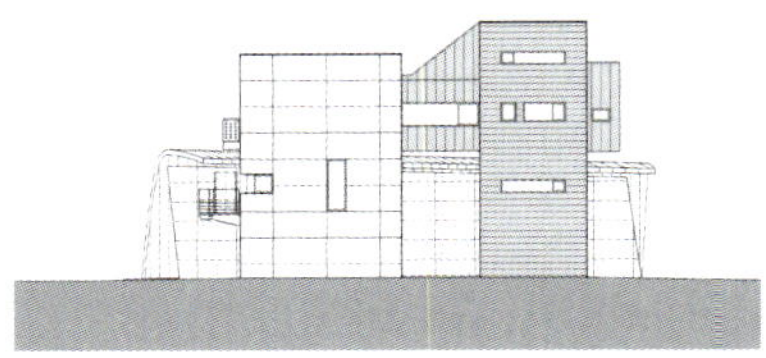

건축가 최욱 **건축주** 박용문, 정옥희 **위치** 경기도 파주시 탄현면 헤이리 53, 54호 **용도** 근린생활시설, 주택 **대지면적** 460.20㎡ **건축면적** 214.52㎡ **연면적** 398.49㎡ **건폐율** 46.83% **용적률** 86.59% **층수** 지상3층 **구조** 철근콘크리트조 **외부마감** 적벽돌, 외장용타일 **사진** 남궁선 **Architect** Choi Wook **Client** Park Yong Moon, Chung Ok Hee **Location** 53, 54 Heyri, Tanhyun-myun, Paju-si, Gyeonggi-do, Korea **Use** Commercial building, Residence **Site area** 460.20㎡ **Bldg area** 214.52㎡ **Gross floor area** 398.49㎡ **Bldg. Coverage ratio** 46.83% **Gross floor ratio** 86.59%/ Three stories above ground **Structure** R.C **Exterior finishing** Brick, Tile **Photographer** Namgoong Sun

화폐가 가지는 시간적 속성과 심리적으로 요구되는 밀폐성은 지속적으로 작은 개구부가 있는 벽을 연상하게 했다. 긴 벽과 그 위에 보이는 작은 마을의 풍경을 떠올릴 수 있는 전시공간을 만들고 싶었다.

The naturally inspired tight and timely property coming from currency reminded me of the wall with small extortions.I was tempted to create the space with the long and wide walls and the pastoral scenes of small village above them.

currency museum

화폐박물관

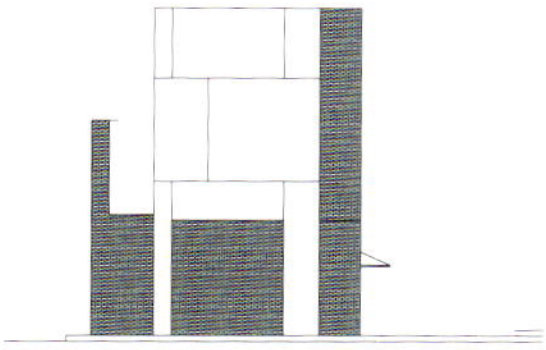

건축가 서혜림 **건축주** 김정재 **위치** 경기도 파주시 탄현면 헤이리 100호 **용도** 주택, 갤러리 **대지면적** 231.40㎡ **건축면적** 108.01㎡ **연면적** 216.86㎡ **건폐율** 46.68% **용적율** 93.72% **층수** 지상3층 **구조** 철근콘크리트조 **외부마감** 복층유리THK24, 폴리카보네이트, 송판무늬노출콘크리트 **사진** 하지권
Architect Suh Hai Lim **Client** Kim Jeong Jai **Location** 100 Heyri, Tanhyun-myun, Paju-si, Gyeonggi-do, Korea **Use** Residence, Gallery **Site area** 231.4㎡ **Bldg. area** 108.01㎡ **Gross floor area** 216.86㎡ **Bldg. coverage ratio** 46.68% **Gross floor ratio** 93.72%/ Three stories above ground **Structure** R.C **Exterior finishing** T24 pair glass, Polycarbonate, Exposed concrete **photographer** Ha Ji Kwon

JeongJai Kim's Studio

김정재 조각공방

헤이리 내에 영상주제광장과 자연공원으로 계획된 두 개의 마주보고 있는 낮은 산의 절정 사이에 대지는 위치한다. 그 두 산 사이의 계곡부분은 마스터플랜에 따라 지형에 순응하여 놓여지게 된 패치들의 흐름으로 구성되어 있다. 이러한 패치의 흐름에 따라 대지의 한 면은 선형건물유형과 접하고 있으며, 다른 면은 공공주차장을 통하여 두 갈래로 갈라지는 도로를 바라보고 있다. 이 프로젝트는 따라서 주변의 다양한 자연과 인공적 자연의 흐름을 반영하며 위치하게 된다. 접목된 프로그램(문화공간, 주거공간)은 대지 내로 다양한 흐름을 끌어들인다. 문화공간은 인접한 선형건물유형에 순응하고, 떠 있는 주거공간은 굴절되어진 패치의 흐름을 담게된다. 유리와 폴리카보네이트로 이루어진 문화공간은 투명성을 통하여 도로에서 녹지공간까지 시각적으로 열려있고, 주거공간에서도 자연과 적극적인 관계를 담고자 했다. 마주보고 있는 산의 절정은 주거의 외부공간을 통하여 인지된다.
붓으로 선을 긋듯이, 먹을 묵은 듯, 검은 칼라 콘크리트로 구축된 구조물은 프로젝트를 전체적으로 연결하는 요소로 벽, 바닥, 지붕 그리고 지붕의 녹지까지 이어져 서로 다른 흐름의 공간들을 엮어준다.

Situated in the valley area, the site faces the peak of two small mountains of which has been planned one as a Media Park and the other as Nature Park. The site is also located between the flows of the linear 'patches' in the guideline of the Heyri Art Valley and the public parking area where the patches stops and the streets diverge into two roads. The program of the building also includes both gallery space and the living space.

Therefore this project contains both flows within one building. The gallery space on the ground level connects the flow of the patches, and the above living space follows the shifted flows of the valley.

As one draws a calligraphy line in a space, bent dark color concrete structure which seems to contain the absorbed black ink, then becomes the element to connect different flows.

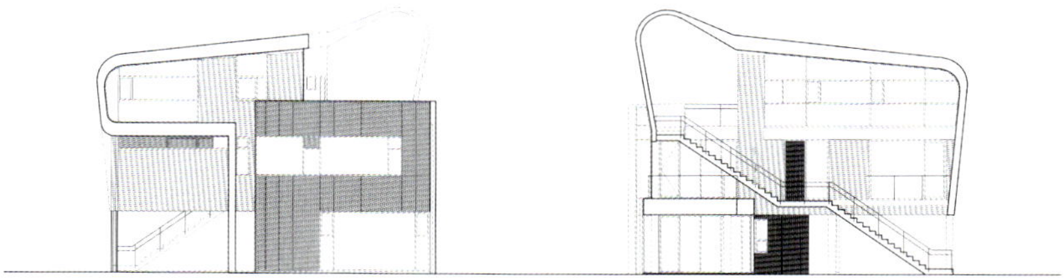

건축가 김헌 **건축주** 정중헌, 장두경 **위치** 경기도 파주시 탄현면 헤이리 94호 **용도** 근린생활시설 **대지면적** 474.00㎡ **건축면적** 163.22㎡ **연면적** 480.61㎡ **건폐율** 34.43% **용적율** 71.58% **층수** 지하1층~지상3층 **구조** 철근콘크리트조 **외부마감** 노출콘크리트(벽), THK24 투명복층유리, THK12 강화유리, 원목FLOORING(바닥) **사진** 박완순 **Architect** Kim Hun **Client** Jung Goong Hun, Chang Doo Kyung **Location** 94 Heyri, Tanhyun-myun, Paju-si, Gyeonggi-do, Korea **Use** Commercial building **Site area** 474.00㎡ **Bldg. area** 163.22㎡ **Gross floor area** 480.61㎡ **Bldg. coverage ratio** 34.43% **Gross floor ratio** 71.58%/ One story below ground, Three stories above ground **Structure** R.C **Exterior finishing** Reinforced Concrete, THK24 Transparent Pair-glass, THK12 Tempered glass, Wood flooring **Photographer** Park Wan Soon

격(格) 장소의 格. 건축행위로 일컬어지는, 어떤 뜻하지 않은 자극이 일어나기 전의 장소는 그저 검붉은 표토로 겨우 자취만 알리고 있었던 처녀지(處女地)였다. 그럼에도 장소는 분명 전원적 트임의 심성으로, 한편으로는 일종의 단정함이랄까 등으로 읽혀질 만한, 나름의 格을 취하고 있었다. 이 곳에서의 건축 행위가 굳이 필연이라면 위의 장소적 格이 지닌 본질에 눈을 두기로 했다. ibidem이란 라틴어가 작업의 총체적 단서로 마음 끝 어디선가 걸리게 된 순간도 장소를 최초로 거닐던 어느 무렵이었다. '바로 같은 곳에'[at the same place]란 뜻을 갖는 어휘다. 이 작업의 건축적 공간적 기획이 끝없이 비추어 보아야 할 깊은 우물의 수면이기도 하다. ibidem은 건축이 장소의 格에 무심코 가할 지도 모를 흠을 되도록 줄이고 제한된 표정과 언어들을 헤아려 쓰기 위한 가이드라인이 되는 셈이다. 과언(寡言)의 정서와 고요한 시선과 낮은 음성의 서사로. 좀 더 물러선 시야로 둘러보면 헤이리란 이 마을은 곧 유사한 프로그램과 비슷한 규모의 무기물의 덩어리들이, 그들의 변종들이 버섯처럼 피어올라 덮어버릴 캠퍼스이기도 하다. 까마득한 시간을 숨죽여 견뎌오던 이 영역의 원시성이나 야성을 지그시 누르고 이의 가상 면 위로 새로운 격格의 선들이 이미 그어진 바 있으며, 이를 기준으로 조심스러우나마 외과적 수술들이 진행되고 있음을 우리는 안다. 개체들에게 있어서는 각기의 국지적 시술에 따른 일정한 내용에 대해서 일정한 약속을 지키는 格을 갖출 필요가 있는 것이다. 또 식음(食飮:카페시설)과 문화적 행위(전시시설)와 전원적 삶(3층 주거),등으로 연계하는 프로그램은 한 장소에 세 가지 다른 패턴의 공간적 이벤트들이 직조하면서 마찰한다. 오히려 이들의 마찰을 통해 다채로운 格의 장(場)을 발생키 위한 기획에 초점을 맞추려 했다. 결국 이 공간에서 발생하는 경험이나 시간의 格이란 각기 정적(靜的)이고 충분히 느림으로 그득한 어떤 것들이리라 자연스레 규정되었다. 한편 고요함과 느림이란, 대상에 대한 경험의 주된 본성이 시간을 두고 공간의 안팎에 스며들어갈 길을 고루 터주는 일이 작가의 몫으로 남는다. 물론 여기에 이 집의 주인 되는 인물의 格이 배어들 외관 이미지나 물질, 조형상의 제스츄어 또한 빠트리지 않고 묶어내는 과정도 더해진다. 존재의 格이 장소의 그것에 튜닝 되어 가는 과정이랄까.

ibidem

갤러리이비뎀

An integrated program of art gallery, retail, and a private residence, on a peaceful and quite secluded rural setting, called Heyri community near DMZ. This particular town called Heyri is supposed to be a collectively cultural community to accommodate mostly the connoisseurs and the patrons of arts as well as professionals including painters, sculptors, architects, musicians, film related personnels, writers, and publishers, etc. The residence at the top is designed and facilitated to be as a weekend retreat specifically for the journalist owner himself. Notably the art gallery space, which occupies the largest portion of the entire 6,000 sq. ft structure, has a sectional flow through four different levels of different heights and figures. Consequently its interior configures the primary hollow space in this particular project integrating its own substances and conditions; interpreting spaces we experience in a wild nature such as gorge, glen, or valley. The covered 'loggia' at the middle deck of this structure suggests my idea of the secondary and open-air hollow space, possibly implicating a plateau in the nature, to accommodate various types of outdoor events and shows. Several types of buffer spaces(or spatial episodes) with different figures and contents had to be intervened among above-described three alienated, conflicting program spaces; such nature-oriented spaces as reflecting pools, sunken decks, deck bridge, and covered terrace(vertical buffer), etc. Most of the materials applied in this architecture had been carefully selected and treated to get gradually aged with signs of time lapse as those we see in nature.

This work might arguably be acclaimed for the moment as another chapter of my individual and continuous studies for the architectural statement in a intensely pristine context of the place. The studies are meant to pursue specific ways of subduing any conspicuous sense of occupancy stemming from the modernist languages of architecture which otherwise could easily become a conflicting figure to the idyllic nature of its surroundings. In an effort, back at the initiative stage of the design, to relate the atmosphere of the site and my own impressions of the 'place' to the given program of the architecture, the latin word ibidem, meaning 'at the same place', has conveniently and effectively come up as a thematic notion somewhere in my mind. The term implicates the 'place' as its own referendum, while suggesting a lot of variables in terms of imagining the future spatial events in and through this particular venue and program of architecture. On the other hand the thematic term ibidem should also evoke a spatial and material memoir, full of so many meaningful narratives this structure would witness throughout its entire life, enduring the harsh weather conditions in its own 'moments of silence'.

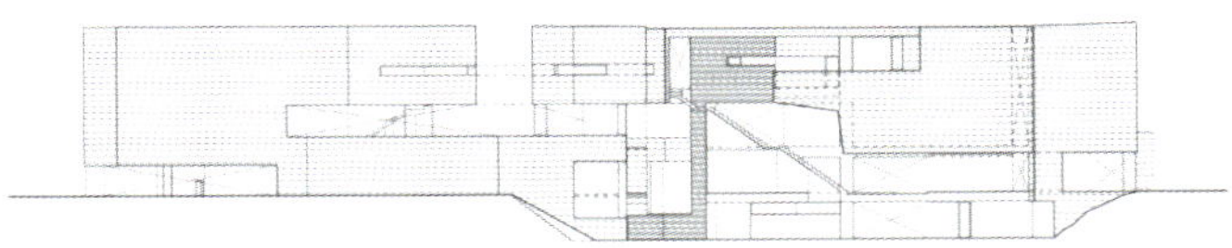

건축가 플로리안 베이겔+김종규 **건축주** 김창숙, 박찬민 **위치** 경기도 파주시 탄현면 헤이리 124 **용도** 근린생활시설, 문화집회시설, 주택 **대지면적** 1408.3㎡ **건축면적** 586.29㎡ **연면적** 1174.73㎡ **건폐율** 41.63% **용적율** 35.88% **층수** 지하2층~지상3층 **구조** 철골 · 철근콘크리트조 **외부마감** 제물치장콘크리트, 복층 폴리카보네이트 THK16 **사진** 하지권 **Architect** Florian Beigel+Kim Jong Kyu **Client** Kim Chang Sook, Park Chan Min **Location** 124 Heyri, Tanhyun-myun, Paju-si, Gyeonggi-do, Korea **Use** Mixed-use building, Cultural facility, Residence **Site area** 1408.3㎡ **Bldg. area** 586.29㎡ **Gross floor area** 1174.73㎡ Bldg **Bldg. coverage ratio** 41.63% **Gross floor ratio** 35.88%/ Two stories below ground, Three stories above ground **Structure** Steel frame, R.C **Exterior finishing** Exposed concrete, Double layered polycarbonate THK16 **Photographer** Ha Ji Kwon

Jazzclub Storyville

재즈클럽스토리빌

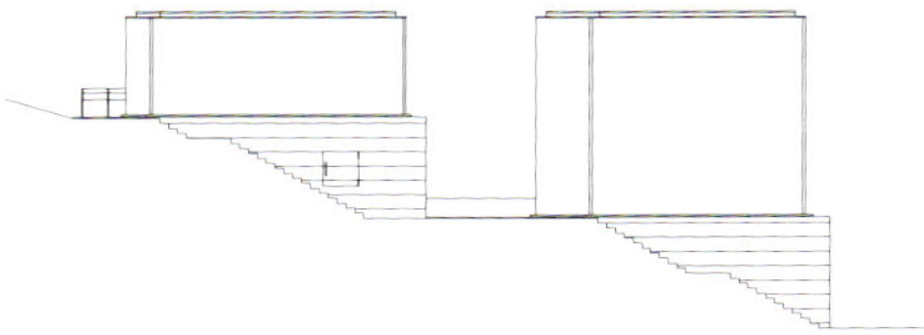

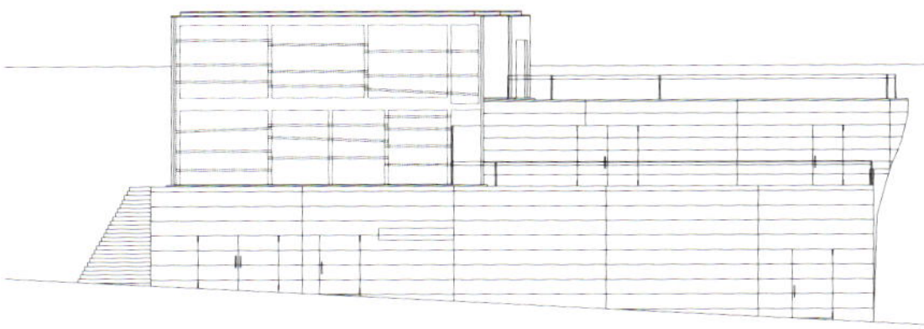

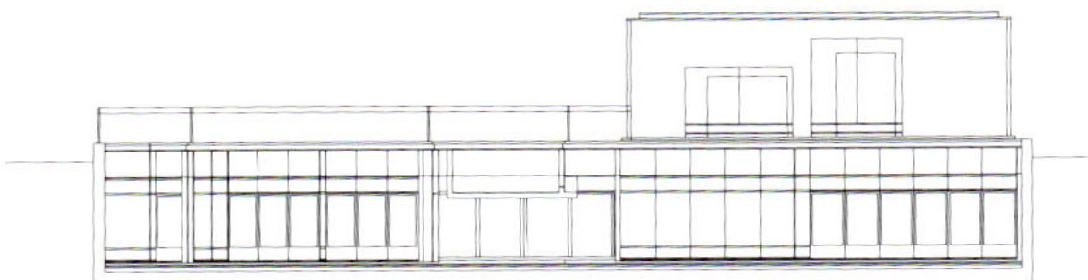

건축가 김성식 **건축주** 정병규, 김항선 **위치** 경기도 파주시 탄현면 헤이리 87호 **용도** 서점, 다목적홀, 주택 **대지면적** 390㎡ **건축면적** 162.07㎡ **연면적** 375.76㎡ **건폐율** 41.56% **용적률** 96.35% **층수** 지하2층~지상2층 **구조** 철근콘크리트조 **외부마감** 백색벽돌치장쌓기, 복층유리, 적삼목 **사진** 남궁선 **Architect** Kim Sung Sik **Client** Jung Byung Kyu, Kim Hang Sun **Location** 87 Heyri, Tanhyun-myun, Paju-si, Gyeonggi-do, Korea **Use** Bookstore, Multi-purpose hall, Residence **Site area** 390㎡ **Bldg. area** 162.07㎡ **Gross floor area** 375.76㎡ **Bldg. coverage ratio** 41.56% **Gross floor ratio** 96.35%/ Two stories below ground, Two stories above ground **Structure** R.C **Exterior finishing** Face brick, Pair glass, Red cedar **Photographer** Namgung Sun

처음으로 헤이리에서 접한 작지만 복잡한 기능의 이 건물은 익숙지 않은 건축지침을 이해하고 이를 소화하기에 어려움을 겪었고 여러 시행착오를 거쳐야만 했다. 오랜 계획기간 만큼이나 오랜 시간의 공사기간이 소요되었다. 대체로 경계를 한정하는 논리로 구성되어진 지침의 내용에 충실하면서 법규의 규정과 건축주의 바람을 동시에 만족해야하는 것은 그 당시나 지금이나 감당하기 어려운 바임에 틀림없다. 10프로의 예외적인 면적을 어떻게 해석하느냐가 어려움인 만큼, 이를 건축적으로 어떻게 처리해야하는가가 가능한 가장 큰 질문이었다. 기본적인 경계선에 포함된 부분은 저렴한 재료로 마감되었고, 경계를 벗어난 예외적인 부분은 오히려 상대적으로 투자가 더해졌다. 또한 경계선의 안팎으로 구조적인 어려움에 대한 보강이 요구되었고, 여분의 공간(데크)이 형성되었고, 그 여분의 공간은 기능적으로 불완전하기에 장치적인 보강이 필요했다. 아쉽게도 그 경계를 넘나드는데 사용되어졌던 장치들은 비용의 문제로 실현되지 못했다. 각각의 층이 각각 주거, 어린이서점, 다목적홀로서의 기능에 충실한 최대한의 면적을 확보하는 것에 일차적인 설계의 방향이었다. 그럼에도 여러 제약 속에서 어디에도 완전히 속하지 못하는 결과가 늘 마음을 무겁게 한다.

Dongwhanara Children's Bookstore

동화나라

As the first project in Heyri, this small but complex building was not easy to deal with the unaccustomed building code. I had to go through the process of trial and error in several ways. The construction period took long time as much as the period taken for the trial and error. Even now, after finishing a couple of buildings in Heyri, it's still difficult to satisfy the demands of the client and general building regulations along with Heyri building code, which mostly deals with boundaries, horizontally and vertically, at the same time.
The very first difficulty was how to deal with the exceptional 10% area. It was finished with inexpensive materials in the part included in basic boundary, on the contrary the 10% exceptional area, which was out of boundary, was covered with relatively more expensive materials. Also it was needed to reinforce to structural difficulty in the area of in-between of boundary and we got extra deck however it was not perfect functionally so it was needed to be reinforced. Unfortunately the equipment for boundary remained unfulfilled because of the budget.

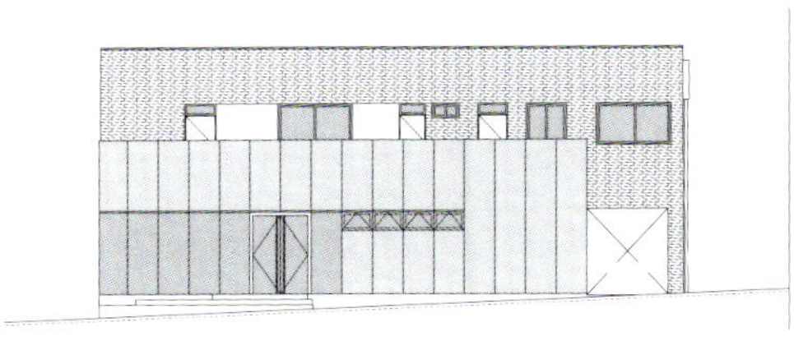

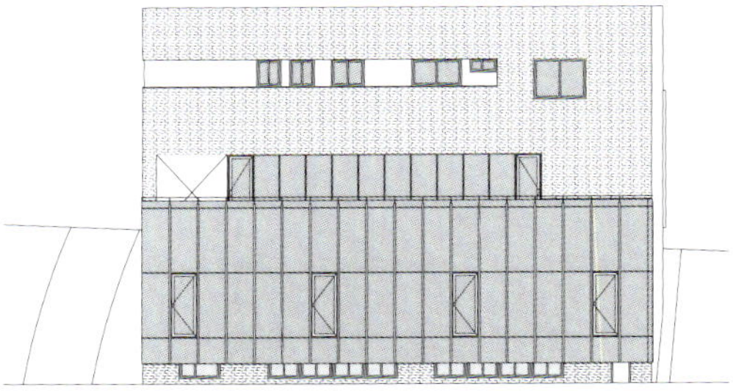

건축가 방준 **건축주** 김종문 **위치** 경기도 파주시 탄현면 헤이리 81호 **대지면적** 462.81㎡ **층수** 지하1층~지상3층 **용도** 근린생활시설 **건축면적** 165.69㎡ **연면적** 523.36㎡ **건폐율** 35.80% **용적율** 85.98% **구조** 철근콘크리트 **외부마감** 드라이비트, 유색벽돌 **사진** 김종문 **Architect** Bahng Joon **Client** Kim Jong Moon **Location** 81 Heyri, Tanhyun-myun, Paju-si, Gyeonggi-do, Korea **Use** Commercial building **Site area** 462.81㎡ **Bldg. area** 165.69㎡ **Gross floor area** 523.36㎡ **Bldg. coverage ratio** 35.80% **Gross floor ratio** 85.98%/ One stories below ground, Three stories above ground **Structure** R.C **Exterior finishing** Insulated Panel System, Colored Brick **Photographer** Kim Jong Moon

건축가가 설계라는 작업에 임할 때에, 주어진 대지의 조건과 요구되는 공간의 프로그램이 건축가가 풀어야할 하나의 과제라 한다면 물리적인 여건 이외의 여러가지 상황들, 건축주의 경제적 형편에 따른 공사비 예산이나 향후 만들어질 건축물의 사용계획 등은 분명히 제약일 수 있지만 한편으로는 건축가에게 선택의 폭을 좁혀주어 역설적으로 설계작업의 자유로움을 주기도 한다.
아주 오래된 벗이기도 한 범우재의 건축주를 만난 것은 나에게는 행운이라고 할 수 있다. 대학을 갓 졸업하고 한창 도제수업을 받고 있을 때 건축주의 부친께서 당신이 살고 계시는 집을 허물고 그 자리에 다시 주택을 지으려고 계획을 하고 계셨는데 그 일을 햇 병아리 건축가인 본인에게 설계 의뢰를 하시고 전적으로 맡겨주셨다. 20년이 지난 몇년 전, 그분의 아들이자 나의 친구인 범우재의 건축주가 헤이리에 부지를 구입하고 신축할 집을 다시 본인에게 부탁을 하였다.
2세대에 걸쳐 설계작업의 기회를 갖는 건축가는 그리 많지 않으리라 여겨진다. 또한 범우재의 건축주는 평소부터 건축에 대하여 깊은 애정과 관심이 많았고 세계를 돌아다닐 때도 항상 유명한 건축물이나 특이한 건축물을 보면 영상으로 기록을 하고 때로는 연필로 그려가지고 와서 친구인 나에게 보여주는 세심함도 보여주었다. 범우재 설계를 의뢰하면서 가져온 본인이 직접 그린 스케치와 설계 메모는 두꺼운 노트북 한권을 넘었고 범우재에 관한 구상이 이미 그에게 머리속에는 다 그려져 있었다. 건축가인 내가 한 일은 사실 그의 생각을 도면화하고 가용할 수 있는 재료로 구체화한 작업뿐이라고 여겨진다.
헤이리에는 규모도 제법 크고 멋이 있는 집들이 많이 있지만 범우재는 그 자신의 주인처럼 세월이 가도 점잖은 집으로 남아있기를 소원한다.

Beaumujé
범우재

An Encounter with a Good Client

As an architect begins a design process, the first task is to resolve the given site conditions and the required space programs. However, in addition to these physical conditions, various other circumstances, such as the construction budget or the future use of the building are needed to be taken into consideration. Initially these parameters emerge as restrictions, but as the project progresses they paradoxically provide a sense of freedom for the architect by narrowing down the range of choices.

The owner of Beaumujé has been a friend of mine for a long time, and I am lucky to know him. While I was completing my internship right after college, the client's father, who was planning on rebuilding his house, hired me with full confidence, a neophyte architect. About twenty years later, his son my friend - purchased a parcel of land in Heyri, and asked me to design his new house.

I would say there are not many architects around who have had the opportunity of design for two generations of a family. The client of Beaumujé has always been deeply interested in and enamored with architecture. He has recorded on video and photography famous or unique buildings that he encountered with during his travels, and often shared with me his own pencil sketches. His sketches and design memos had filled a thick sketchbook by the time he had come to me with the commission for Beaumujé. A detailed concept for Beaumujé had already been drawn in his head; I suppose the architect's only task is to translate client`s thoughts into drawings, and to realize the ideas with proper materials.

There are many large and fancy buildings in Heyri, but I hope Beaumujé retains its gentle dignity over time, just like its owner.

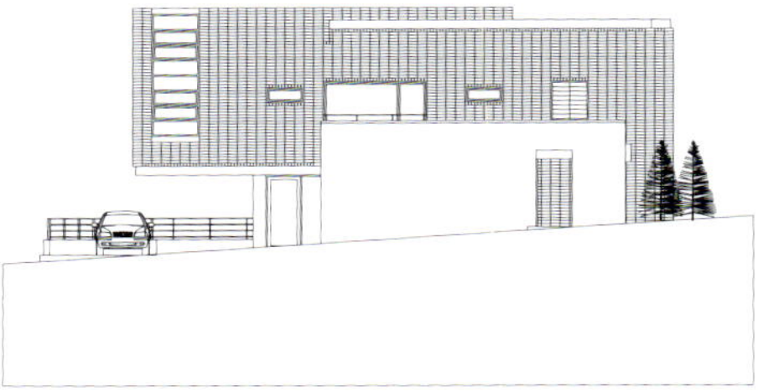

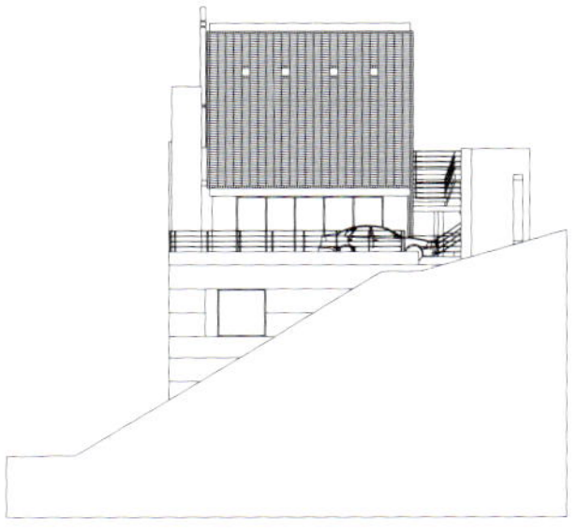

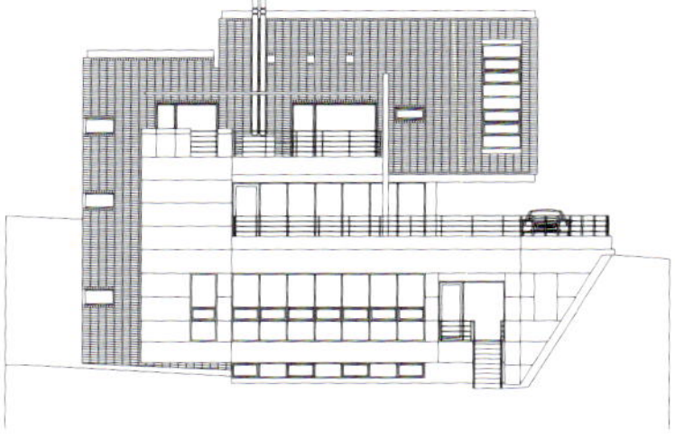

건축가 최아사 **건축주** 최만린, 김연임 **위치** 경기도 파주시 탄현면 헤이리 127호 **용도** 전시시설 및 주택 **대지면적** 1,129㎡ **건축면적** 274㎡ **연면적** 491.21㎡ **건폐율** 24.27% **용적률** 31.39% **층수** 지하1층~지상2층 **구조** 철근콘크리트조 **외부마감** 노출콘크리트, 치장블럭쌓기 **사진** 최아사
Architect Choi Ah Sa **Client** Choi Man Rin, Kim Yun Lim **Location** 127 Heyri, Tanhyun-myun, Paju-si, Gyeonggi-do, Korea **Use** Gallery, Residence **Site area** 1129㎡ **Bldg. area** 274㎡ **Gross floor area** 491.21㎡ **Bldg. coverage ratio** 24.27% **Gross floor ratio** 31.39%/ One stories below ground, Two stories above ground **Structure** R.C **Exterior finishing** Exposed Concrete **Photographer** Choi Ah Sa

"어느날 우연히 그 존재가 발견되지만 오랫동안 그 자리에 있어왔던 바위처럼..."

대지는 북동쪽으로 내리막 경사를 가진 구릉지의 일부이다.

이전의 자연질서를 고스란히 지니고 있는 대지와 화해하는 방식으로 주변대지로부터 이어지는 능선의 수평적 파노라마를 배경으로, 인공적인 영역이 땅으로부터 성장하는 방식을 택했다. 그 결과 대지의 질서에 순응하여 차분하게 자리 잡은 순수한 형태의 입방체는 우리가 가정한 조형의 단서이다. 땅으로부터 출발한 1/2층의 벽들은 서로 중첩되면서 새로운 지형을 만들고, 3층의 전시장매스는 지형으로부터 자유롭게 부유하는 형상을 취하게 된다.

조각스튜디오를 포함하는 전시장과 조각가가 생활을 영위할 주거공간이 우리에게 제시된 프로그램이다. 이 두 가지 기능은 서로 연속적이어야 하고, 동시에 적절하게 분리되어야 하는 역설적인 조건을 안고 있다. 각각의 영역은 서로 다른 레벨로 분리되거나, 좁은 복도를 통해 소극적으로 대면하거나 혹은 사이공간을 둠으로써 스스로의 경계를 한정한다. 자연스럽게 흐트러진 주변의 공간들을 계단이 서로 묶어주고, 동선은 각 영역으로 퍼져간다.

Choi, Man Lin's Atelier

최만린조각스튜디오

"Like a stone that is found out one day about its existence by chance, but was there for long as it was."
SITE is a part of the hill that gently slopes down to north-west.
In our approach, To compromise with the site, and to be accordant with the order of nature, we have the idea of the artificial territory that is growing up from the ground with horizontal panoramic views running along by the ridgeline. In consequence, a genuine FORM of cube, adapted to the order of ground and standing calmly, is the clue of formation that we suppose. The walls on the 1st/2nd floor, which start from the ground , overlap each other and create a new topography, and the gallery mass on the 3rd floor takes a floating form free from topography
The gallery including sculpture studio and residential place for a sculptor is the given PROGRAMME to us. These two functions are paradoxical to be continious yet to be suitably seperated at the same time. Each area itself defines its boundary by dividing into different levels, facing passively through a narrow corridor, and having a space between. Scattering spaces are naturally linked to each other by the staircase, and circulations flow into the each area.

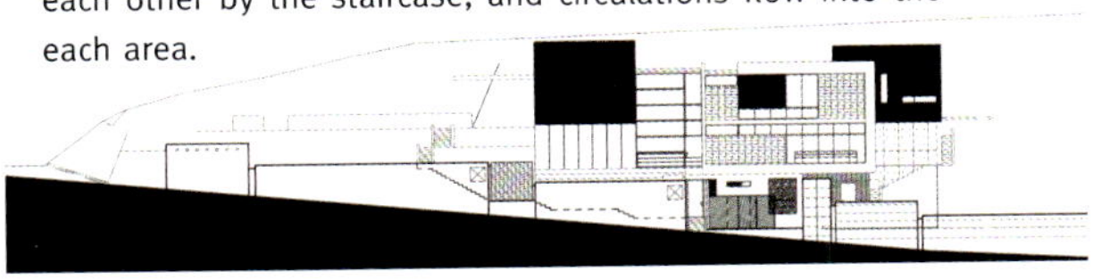

건축가 김종규 **건축주** 박성원 **위치** 경기도 파주시 탄현면 헤이리 128호 **용도** 근린생활시설, 주택 **대지면적** 1,219.83m² **건축면적** 306.35m² **연면적** 681.53m² **건폐율** 25.11% **용적율** 27.56% **층수** 지하2층~지상3층 **구조** 철골 · 철근콘크리트조 **외부마감** 제물치장콘크리트, 반투명 폴리카보네이트 THK10, 투명복층유리 THK24 **사진** 권성혁 **Architect** Kim Jong Kyu **Client** Park Sung Won **Location** 128 Heyri, Tanhyun-myun, Paju-si, Gyeonggi-do, Korea **Use** Mixed-use building, Cultural facility, Residence **Site area** 1,219.83m² **Bldg. area** 306.35m² **Gross floor area** 681.53m² **Bldg. coverage ratio** 25.11% **Gross floor ratio** 27.56%/ Two stories below ground, Three stories above ground **Structure** Steel frame, R.C **Exterior finishing** Exposed concrete, thk16 Translucent polycarbonate, thk24 Transparent pair glass **Photographer** Kwon Sung Huyuk

Gallery Heewon

갤러리희원

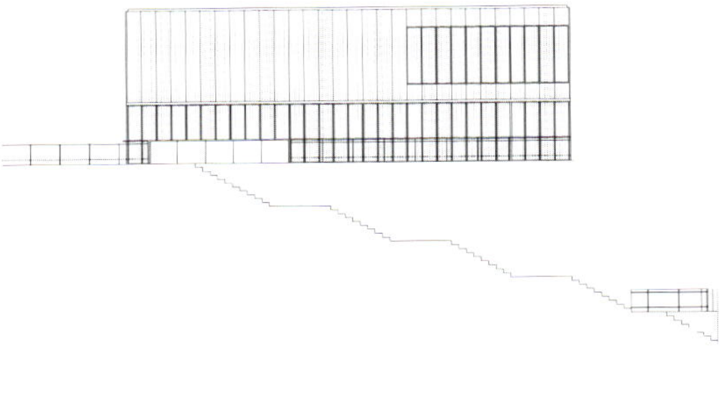

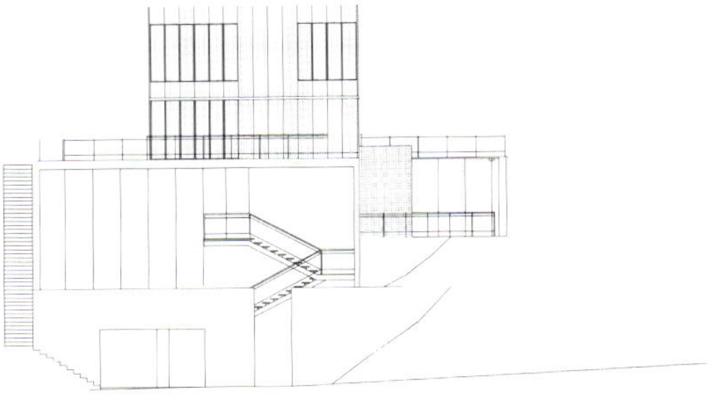

Heyri Micropolis

참 | 나 | 무 | 골

건축가 승효상 **건축주** 송효섭 **위치** 경기도 파주시 탄현면 헤이리 374호 **용도** 주택 **대지면적** 361.70㎡ **건축면적** 126.62㎡ **연면적** 210.65㎡ **건폐율** 35.0% **용적률** 58.23% **층수** 지상2층 **구조** 철근콘크리트조 **외부마감재** 노출콘크리트+THK12 적삼목 **사진** 이로재 **Architect** Seung Hyu Sang **Client** Song Hyo Sub **Location** 374 Heyri, Tanhyun-myun, Paju-si, Gyeonggi-do, Korea **Use** Residence **Site area** 361.70㎡ **Bldg. area** 126.62㎡ **Gross floor area** 210.65㎡ **Bldg. coverage ratio** 35.0% **Gross floor ratio** 58.23%/ Two stories above ground **Structure** R.C **Exterior finishing** Exposed concrete, T12 wood panel **Photographer** Lee Ro Jae

Chunghyangjae

청향재

이 집은 소위 게이트하우스 타입이라는 건축유형으로 지정된 땅 위에 지어진 60평의 단독주택이다. 지침에 의하면 두 거의 선형건물을 가운데를 띄워서 패치에 직교되게 배치하여야 한다. 헤이리의 건축지침 만으로도 이미 훌륭한 건축설계라고 여겼고 먼저 설계한 집도 그 지침을 그대로 옮긴 결과였다. 여기서도 마찬가지이지만, 다만 담장을 전혀 두지 못하게 하는 문구는 오히려 그 지침의 정신을 흐리게 할 수 있음을 알아야 한다. 건축적 담장이야기 인데, 더구나 상업적 용도를 갖지 않은 순수한 주거목적의 건축은 셸터로서의 고유한 기능을 수행하기 위해서는 주변의 눈길로부터 어느 정도 은신할 여유를 주는 게 정상일 것이다. 그렇지 않으면 여기에 사는 사람은 그야말로 게이트하우스에 살 뿐이어서 문간방 삶이 되고 말지 않겠는가. 그래서 이 집의 설계는 철저히 내부지향으로 갈 수 밖에 없었다. 가운데 중정을 두고 주변에 방을 둘렀으며 간혹 그 사이에 작은 외부공간을 두는 등, 주어진 작은 경계 내에서 가족공동체의 모든 안녕을 도모했다. 그러고 보니 서양주택의 전형인 나인스퀘어 개념을 가져오게 된 것이라 어쩌면 학자인 건축주의 삶에는 이 집이 오히려 적합할 지도 모른다. 그래도 내부의 다양한 체험을 위해 공간의 전이마다 특별한 인상을 갖도록 마루나 수반, 정원 등을 설정하여 작지만 큰 세계를 이룬다. 외피는 목재로 마감하였는데 세월이 지나 잿빛으로 변하고 주철제 못의 땟자국이 새겨지면 비로소 겉 살이 완성되는 것이라 여겼다. 결국 이 집도 시간이 풍경을 완성시킬 것이다. 그래도 아쉬운 것은 담장에 대한 무조건적 금지였다. 집 옆의 수반과 마당이 의지할 수 있는 담장이 있다면 이 집의 공간적 풍요는 몇 배나 증대될 것이 틀림없기 때문이다.

This house is generally known as "gatehouse type" which is built on the selected site of Hyeri village. According to the guideline of Hyeri, the two separated linear buildings must be arranged perpendicular to the existing landscape pattern.

The architectural guideline itself is already a magnificent architectural design, therefore the result of the previously designed building merely built according to the guideline has been successful.

The brief of Hyeri has intended the residential house without the fence, and in fact this seemed to be leading this design slightly away from its strong guideline. Typically, the 'fence' in terms of architecture, is known as the device that embraces and protects the building from the surrounding environment. Consequently, the sense of enclosure is reinforced by allowing a minute of break from the outsiders. Although, the brief of Hyeri has clarified the restriction of having 'no fence' around the house. In order to be responsible for this guideline of maintaing the sense of the encloseness and embracement of the typical residential house characteristic, the design of this gatehouse has been focused on its internal spatial arrangement. For example, the courtyard is inserted into the middle, which embraced by the surrounding rooms and randomly located opened spaces. This idea of spatial organisation leads the building to be a strong family friendly residential house. This above mentioned conceptual idea can be seen as the typical western style of residential house called 'Nine Square'. The mixture of various different spaces such as courtyard and open spaces is harmonized well together to create a special effective space within this limited small area. For the exterior cladding of the house, the timber has been applied . As time goes by, the timber would worn out and become antigue. However, this characteristic of timber would rather become a significant visual effect to evoke the warmth of the house, and eventually completed as a magnificent architectural piece. In conclusion, the complete restriction of the application of the fence still remain as a little pity, as the residential house with the courtyard and the water feature surrounded by the fence would surely promotes the quality of the spatial experience.

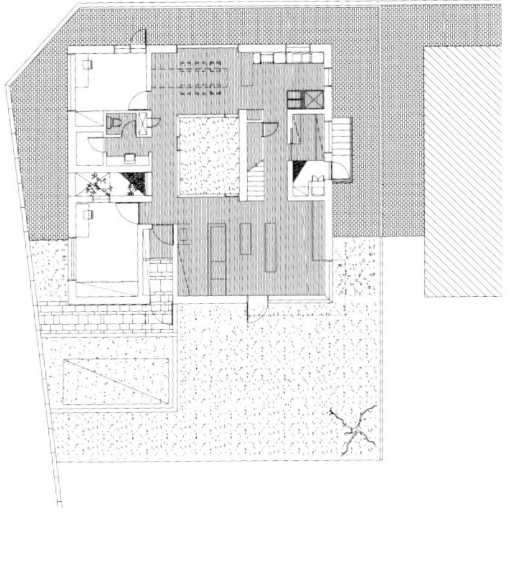

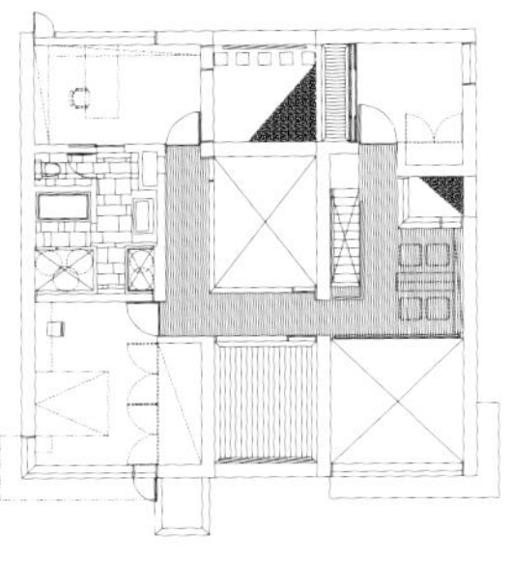

건축가 김관석 **건축주** 한방원, 신우인 **위치** 경기도 파주시 탄현면 헤이리 366호 **용도** 주택 **대지면적** 336.40㎡ **건축면적** 128.03㎡ **연면적** 160.70㎡ **건폐율** 38.06% **용적율** 47.77% **층수** 지상2층 **구조** 철근콘크리트 **외부마감** 노출콘크리트, 지정페인트 **사진** 김관석 **Architect** Kim Kwan Seok **Client** Han Bang Won, Shin Wooin **Location** 366 Heyri, Tanhyun-myun, Paju-si, Gyeonggi-do, Korea **Use** Residence **Site area** 336.40㎡ **Bldg. area** 128.03㎡ **Gross floor area** 160.70㎡ **Bldg. coverage ratio** 38.06% **Gross floor ratio** 47.77%/ Two stories above ground **Structure** R.C **Exterior finishing** Exposed Concrete, Paint **Photographer** Kim Kwan Seok

'도나보나' 란 이 집의 명칭이다. 목사인 남편과 피아니스인 부인인 건축주가 지은 이름으로 '좋은 선물' 이라는 뜻의 라틴어라고 한다. 이 집이 건축주에게 좋은 선물이 되었다면 그것은 우선은 좋은 대지일 것이고 다음이 좋은 건축일 것이다. 대지의 위치는 남서쪽으로는 멀리 좋은 경치가 보이고 북동쪽으로도 푸른 동산이 잘 보이는 헤이리의 남서쪽 끝자락이다. 그런데 대지의 땅 모양은 사분원에 가까운 부채꼴로 생겼다. 나름대로 성격이 강한 대지의 위치와 형태가 이 주거의 계획의 첫 번째 실마리가 되었다.
우선 피아노 연주장으로 사용될 이층의 매스를 피아노 음악처럼 동적인 느낌을 부여하기 위해서 약간 비뚤게 하고 앞에는 다시 한번 비뚤게 붙은 발코니를 붙였다. 창문들도 길고 짧게 떠돌아다니게 하였다. 다음은 처음엔 상부 매스가 멜로디처럼 떠돌아다니면 하는 있을 수 있다면 하는 바람이었다. 그래서 세 개의 기울어진 원기둥과 블록담장 뒤에 가려진 한 개의 사각기둥으로 받치게 하였다. 이 집의 외관상 특징은 아마도 그 세 개의 가운 기둥인 것 같다. 그래서 건축주는 처음에 이 집을 '세 기둥 집' 이라고 부르기도 하였다.

Donabona is the name of this house. The clients who are minster husband and pianist wife explained it has the meaning of 'Good Present' in Latin language. If this residence is a good present for them, the first reason can be the good site and the next can be the good architecture. The site located at the southwestern edge of Heyri Village and has good view of southwest and northest directions. And it is fan-shape close to quadrant circle. The characteristic location and shape of site gave me the clue of designing this residence.
First of all I want to give a theme of piano music. So I put the lower mass, upper mass and balcony together with some angle and designed rhythmically fragmented windows. Then I tried to make upper mass looks floating like piano melody, so three tilted columns and concrete block wall are used for the purpose. A special feature might be the tilted column. So the clients would call this house 'Three column house'.

Donabona

도나보나

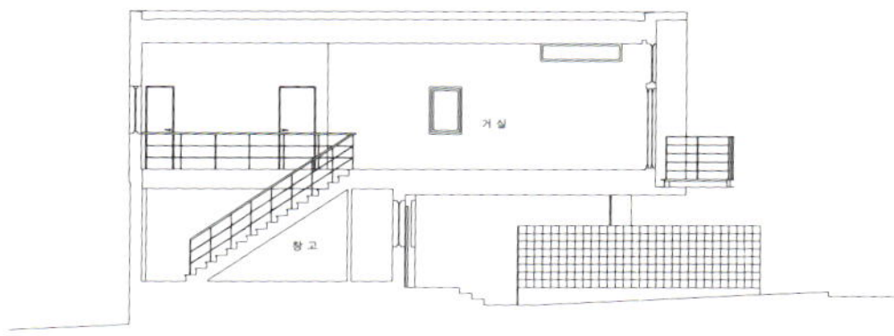
거 실
창 고

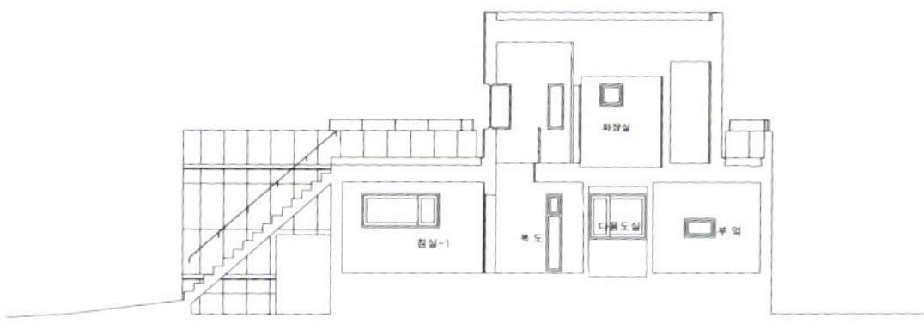
화장실
침실-1
복 도
드레스실
부 엌

건축가 김성식 **건축주** 김성복, 김정애 **위치** 경기도 파주시 탄현면 헤이리 394호 **용도** 주택 **대지면적** 653m² **건축면적** 178.74m² **연면적** 243.69m² **건폐율** 27.37% **용적률** 35.99% **층수** 지하1층~지상2층 **구조** 철근콘크리트라멘조 **외부마감** 노출콘크리트, 적삼목널 **사진** 남궁선 **Architect** Kim Sung Sik **Client** Kim Sung Bok, Kim Jeung Ae **Location** 394 Heyri, Tanhyun-myun, Paju-si, Gyeonggi-do, Korea **Use** Private Residence **Site area** 653m² **Bldg. area** 178.74m² **Gross floor area** 243.69m² **Bldg. coverage ratio** 27.37% **Gross floor ratio** 35.99%/ One story below ground, Two stories above ground **Structure** R.C **Exterior finishing** Exposed concrete, Red cedar **Photographer** Namgoong Sun

부모님을 모시고 자녀 둔 부부의 주택은, 기능적인 구성이 헤이리 건축 지침에 제시되어진 세 개의 사각형과 잘 어울렸다. 주차 공간 위에 놓여진 동쪽 사각형은 단층이고, 부모님의 공간이며, 그 위로 커다란 데크를 가지고 있다. 스킵플로어로 구성된 서쪽 사각형은 사랑방 공간과 자녀의 공간, 부부의 공간이 각각 반 층 차이로 연결되어져 있다. 두 사각형 사이에 끼어진 거실부분의 공간은, 나무, 침목, 현관, 신발장, 계단, 벽난로와 책장 같은 오브제들이 걸쳐진 대체로 투명한 공간으로 구성되어져 있다.

The house in which a married couple live with their parents and children got along well with 3 rectangles suggested by Heyri building code in functional structure. The east rectangle on the parking lot is parent`s section of a single story with a big deck above it West rectangle structured in skipped-floor is connected with guest room, children's section and couple's area by half story. Living room between the two rectangles is transparent and filled with objects such as trees, entrance, shoe cabinets, stairs and fireplace etc.

Mingu Residence

민구네집

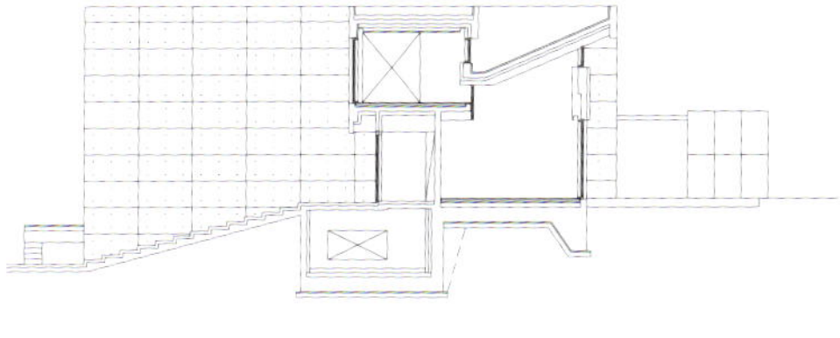

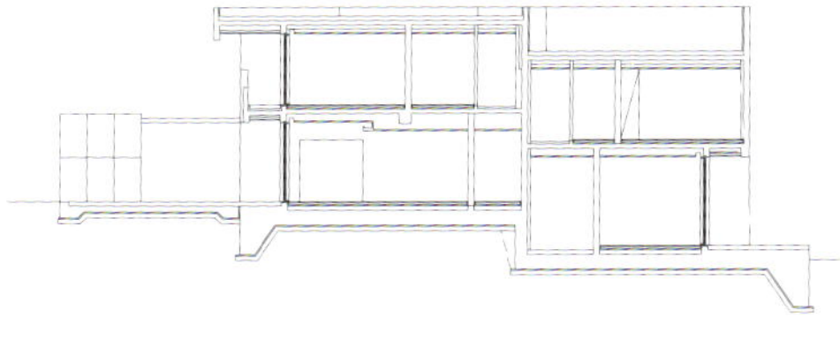

건축가 김인철 **건축주** Kim&Choi **위치** 경기도 파주시 탄현면 헤이리 392, 393호 **용도** 주택 **대지면적** 916.10m² **건축면적** 227.47m² **연면적** 442.84m² **건폐율** 24.83% **용적율** 27.67% **층수** 지하1층~지상2층 **구조** 철근콘크리트조 **외부마감** 노출콘크리트 **사진** 박영채 **Architect** Kim In Chul **Client** Kim&Choi **Location** 392, 393, Heyri, Tanhyun-myun, Paju-si, Gyeonggi-do, Korea **Use** Residence **Site area** 916.10m² **Bldg. area** 227.47m² **Gross floor area** 442.84m² **Bldg. coverage ratio** 24.83% **Gross floor ratio** 27.67%/ One story below ground, Two stories above ground **Structure** R.C **Exterior finishing** Exposed Concrete **Photographer** Park Young Chae

도시에서 이룬 성공이 확실할수록 탈 도시를 꿈꾸는 일은 이제 도시인의 통상적인 목표가 되었다. 그럼에도 도시에서 누리던 익명성과 기능적 장치의 편리함을 떨치지 못한다. 도시화를 체질로 습득한 세대에게 그것을 벗으라함은 일상의 혁명이 된다.
헤이리는 또 다른 도시이다. 이왕의 도시가 우연으로 빚어진 익명의 도시였다면 이 곳은 시작부터 의도된 실명의 도시이다. 기성품의 도시가 아니라 맞춤 또는 주문형의 도시인 셈이다.
그러나 땅의 경사와 영역의 형태에 의해, 그리고 지침에 의해 건축의 자리는 정해져 있다.
공간의 내 · 외를 구분하지 않으려는 의도를 갖고 있음에도 뚜렷한 경계의 형식은 피할 수 없다. 스스로 구축한 경계를 다시 허물어야하는 작업은 일상의 틀을 흐트리는 일과 같다.
둘로 나누어져야하는 주어진 조건을 공간의 기본적인 틀로 삼는다. 합해서 하나를 만들기 위해 별다른 장치를 하지 않는다. 마주하고 있다는 것만으로 충분하다. 완고한 형태 속의 공간은 느슨한 연속을 의도한다. 헤엄치는 동작처럼 오르내리고 이어지며 공간을 누리는 것이다. 사이사이로 빛이 스미고 틈으로 풍경이 끼어들면 유영하는 일상의 느낌과 함께 탈 도시의 맥락에 닿을 수 있을 것이다.

caramel & candy

캐러멜 & 캔디

The more people achieve in city life, the more they dream of escaping out of city life. But they can't give up the anonymous life and the convenience of technology. Giving it up would be the revolution of their life for the people accustomed to it. Heyri is city's other self. It's been planned and named intendedly at the beginning compared with the previous city which is formed casually. It's not the ready-made but the custom-made city. But how to subdivide the land and the topography in the residence area is not that different from the previous way. The place to build a house is already determined by the shape and the slant of the land, given conditions. Breaking down the boundary set by oneself is like messing up our every day routine. Basically we establish the given condition which should be divided into two as the fundamental principle for organizing the space. There's no particular device to combine them. It's enough to sit opposite. That will do. We put loose sequence into a strict shape of the mass, enjoy the space during flowing up and down like swimming. Lights are shining between a gap and scenery is coming through so that we can be in conclusion with "escaping from the city"

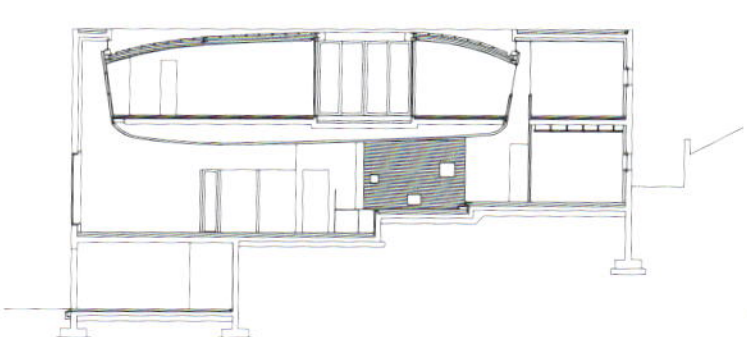

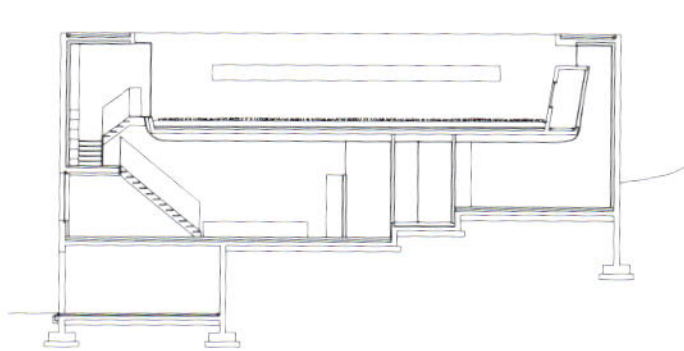

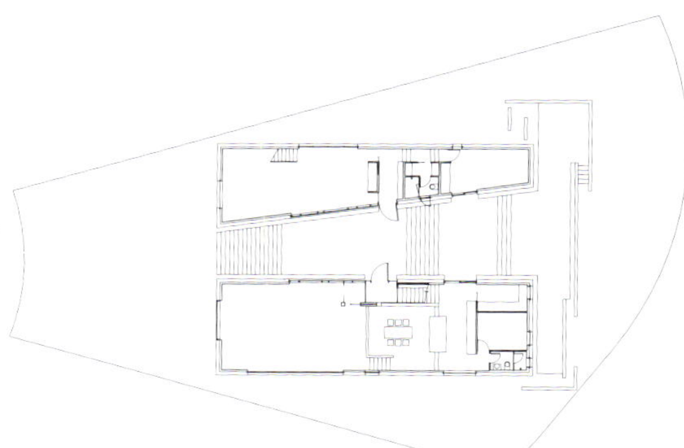

건축가 정일교 **건축주** 차명호, 신미혜 **위치** 경기도 파주시 탄현면 헤이리 382, 383호 **용도** 주택 **대지면적** 990.0m² **건축면적** 175.805m² **연면적** 493.875m² **건폐율** 17.76% **용적율** 37.06% **층수** 지하1층~지상2층 **구조** 철근콘크리트조 **외부마감** 노출콘크리트, 무도장 내후성강판 **사진** 하지권
Architect Jeong Il Kyo **Client** Cha Myuong Ho, Shin Mi Hea **Location** 382, 383 Heyri, Tanhyun-myun, Paju-si, Gyeonggi-do, Korea **Use** Residence **Site area** 990.0m² **Bldg. area** 175.805m² **Gross floor area** 493.875m² **Bldg. coverage ratio** 17.76% **Gross floor ratio** 37.06%/ One story below ground, Two stories above ground **Structure** R.C **Exterior finishing** Exposed concrete, Corpen Steel **Photographer** Ha Ji Kwon

Multi-Scapes House

밤나무집

헤이리에 위치한 본 계획안은 자연속에 시야가 트인 주변 상황에 에워싸여 있다.
급경사를 이루고 있는 대지와 서쪽을 바라보고 있는 형상에 불리한 조건을 감수해야 하는 상황이었다. 대지주변에 자신을 반쯤 드러내도록 건축물을 땅으로 에워싸고 자연의 풍경을 서로 다른 건축공간의 조작을 통해 열고 닫음의 정도를 조절하여 내부공간과 외부공간의 다양한 자연적 관계 특성(Multi-Scapes)을 드러낸다.

This building in the Heyri Art Valley is surrounded by the landscapes open to the nature. The site of a steep slope facing to the west was not a good condition for planning. Various kinds of natural relation between the interior and exterior spaces are created by some methods. One of them is to enclose the building with the earth so that the building would half expose itself to the surroundings. The other is to control the openness and closure of the view to the natural landscape by the manipulation of architectural spaces.

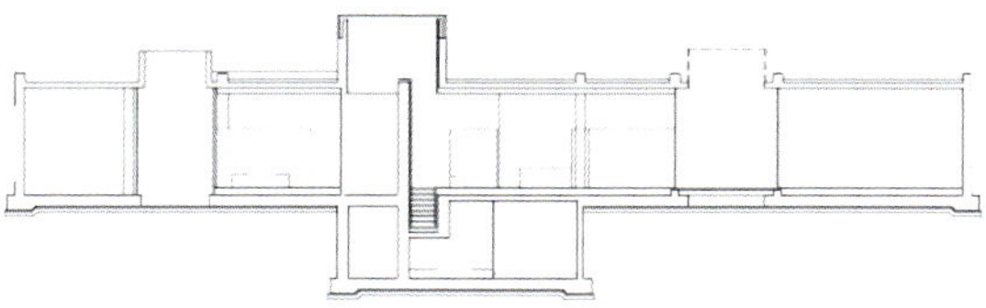

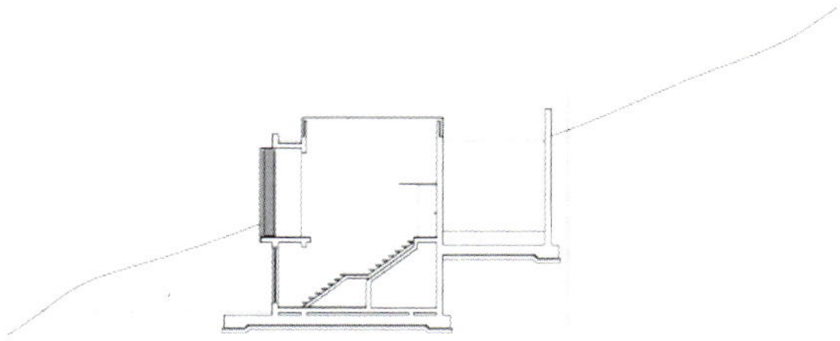

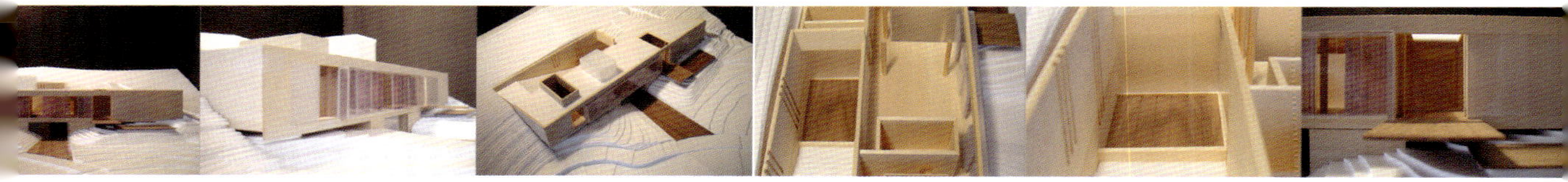

건축가 윤재은 **건축주** 전희천, 이정희 **위치** 경기도 파주시 탄현면 헤이리 380호 **용도** 주택 **대지면적** 424.90m² **건축면적** 138.01m² **연면적** 243.75m² **건폐율** 32.48% **용적율** 174.31% **층수** 지상2층 **구조** 철근콘크리트조 **외부마감** 적삼목, 블랙 스테인 **사진** 최정우 **Architect** Yoon Jae Eun **Client** Jun Hee Chen, Lee Jung Hee **Location** 380 Heyri, Tanhyun-myun, Paju-si, Gyeonggi-do, Korea **Use** Residence **Site area** 424.90m² **Bldg. area** 138.01m² **Gross floor area** 243.75m² **Bldg. coverage ratio** 32.48% **Gross floor ratio** 174.31%/ Two stories above ground **Structure** R.C **Exterior finishing** Western red Cedar, Black Spain **Photographer** Choi Jeung Woo

헤이리 블랙하우스의 설계 컨셉은 "의구심"에서 시작된다. 자연과 문화의 이분법적 대립이 아닌 자연을 닮으려는 집이 바로 블랙하우스이다. 산, 나무, 그리고 물, 주택은 이들과 함께 하기를 원한다. 기능에 의한 편리함을 해체하고 비정형성을 통해 자연의 본성을 표현하려 한다. 물위를 걸어 들어가는 현관과 2층 계단은 자연의 상징인 외부로 열려 있다. 집과 계단의 사이에 자연스럽게 형성된 삼각형의 중정은 내부로 자연채광을 불러들인다. 현관은 투명유리로 노출되고 삼각형의 피라미드를 형성한다. 현관문을 열면 공간은 투명성에 의해 뒷 산과 소통하며 유기적으로 하나가 된다.

The design concept of the Black House in Heyri starts with "doubtfulness". The Black House tries to resemble the nature instead of conflicting dichotomy between nature and culture. Mountains, trees, waters and houses want to be with the house. It deconstructs functional convenience and expresses nature through being non-stereotyped. The gate over water and the stairs to the second floor are open to the outside that is a symbol of nature. The naturally created couryard between the house and the stairs brings natural sunlight into the inside. The gate is seen through transparent glass and makes a triangular pyramid. Opening the gate makes the space communicating with the mountain behind the house through transparency and the space unifies organically with the mountain.

Black House

언덕위의 그림자

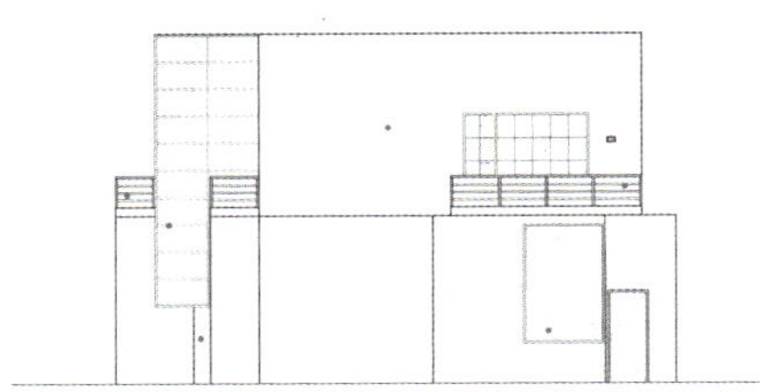

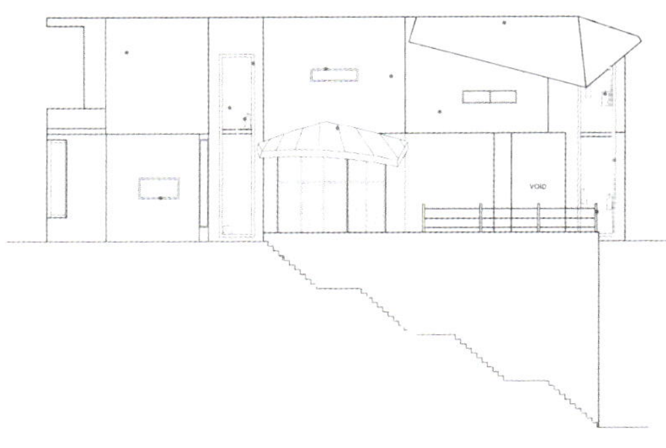

Heyri

MICROPOLIS

권문성 _ Kwon Moon Sung

• 이대부고, 서울대학교 건축학과, 동대학원 졸업 • (주)건축사사무소아뜰리에17 대표이사 • 서울대학교 건축학과 출강 • 파주출판도시 제14섹타 책임건축가 • 헤이리아트벨리 초청건축가 • 서울건축학교 튜터 • 철암도시건축작업팀 건축가 • 새건축사협회 이사, 기획위원장

• Born in Seoul, Korea 1959 • Eedaebugo high school, Seoul • Dept. of architecture, Seoul national university, Graduate school of architecture, Seoul national university • Architect, atelier17 architects and associates • Tutor, design studio, Dept. of architecture, Seoul National University + Coordinate architect of Paju Book City 14th sector • Invited architect of Heyri Art Valley • Tutor, Seoul School of Architecture • Invited Professor, Chungang University (2000~2001) • Architect of Cholam urban-architectural work team • Chief Director, Korea Architects Institute • Member, the advisory committee of Ministry of Culture and TourismBorn in Seoul, Korea 1959 • Eedaebugo high school, Seoul • Dept. of architecture, Seoul national university, Graduate school of architecture, Seoul national university • Architect, atelier17 architects and associates • Tutor, design studio, Dept. of architecture, Seoul National University + Coordinate architect of Paju Book City 14th sector • Invited architect of Heyri Art Valley • Tutor, Seoul School of Architecture • Invited Professor, Chungang University (2000~2001) • Architect of Cholam urban-architectural work team • Chief Director, Korea Architects Institute • Member, the advisory committee of Ministry of Culture and Tourism

김관석 _ Kim Kwan Seok

• 2005~ 건축사사무소 아르텍 소장 • 2002~ 건축가네트워크(주) 대표 • 2002~2005 김관석 건축사사무소 소장 • 1999~2002 범건축 소장 • 1990~1999 건축사사무소 아르텍 소장 • 1987~1988 런던 AA 대학원 대학원디플로마(2001) • 1986~1987 뉴욕 컬럼비아대학 빌딩디자인 석사 • 1982~1985 울산대 건축학과 전임강사 • 1974~1980 서울대학교 및 동대학원 학사 석사

• born in Seoul, Korea in 1955 • 2005~ Principal, Artech Architects • 2002~ CEO, Architect-Network Inc. • 2002~2004 Principal, KS Kim & Associates • 1999~2002 Principal, Baum Architects Inc • 1990~1999 Principal, Artech Architects • 1987~1988 GradAADipl(2001), AA School, London • 1986~1987 MSBD, Columbia University, New York • 1982~1985 Lecturer, Ulsan Institue Technology • 1974~1980 BS & MS, Seoul National University

김기환 _ Kim Kee Hwan

• 1994 홍익대학교 건축학과 졸업 • 1995~1998 履露齋 綜合建築士事務所」在職 • 2002 早田大院 古谷誠章究室 碩士 • 2005 동대학원 博士課程 修了(와세다대학 Furuya Nobuaki 연구실 박사과정 수료) • 1993 大韓民 建築大展 募作 入選 • 空間 生建築大展 募作 入選 • 韓建築展 募作 서울市建築長賞 • 2000 헤이리아트밸리 다리설계현상공모 응모작 (제5교) • 2000 小野梓記念 芸術賞 受賞(ONO Azusa Memorial Award) ~ (Heyri Art Valley Bridge IdeaCompetition2000, winner prize) • 2003 청계천 교량 아이디어 국제현상 공모전 응모작 (제11교, 제20교)우수작 • 2005 'Revitalization of Gwangbok Street & PIFF Plaza, Busan, Korea' 꼼페 가작

• 1969 Born in SEOUL • 1994 Graduated from HONG~IK University in SEOUL, (Architecture Design) • 1995~1998 Work in 「IROJE Architects and Planners」 • 2002 Master's degree from WASEDA University in Japan, (Architecture Design)(LAB. Nobuaki Furuya) • 2005 finished Doctor's course WASEDA University, (Architecture Design)(LAB. Nobuaki Furuya) • 2000 Heyri Art Valley Bridge Idea Competition 2000, winner prize • 2000 ONO Azusa Memorial Award~(Heyri Art Valley Bridge Idea Competition 2000, winner prize) • 2003 Cheong~gye chun Bridge International Idea Competitio No.11, No.20 2nd prize • 2005 'Revitalization of Gwangbok Street & PIFF Plaza, Busan,International Competition Honorable Mention

김동진 _ Kim Dong Jin

• 1993 홍익대학교 건축학과 졸업 • 1993~1994 ㈜서울건축 근무 • 1999 프랑스 파리-벨빌 국립 건축대학 졸업 Ecole d'Architecture Nationale Paris-Belleville • 2000 프랑스 건축사(Architect D.P.L.G.) • 2002~2004 숙명여자대학교 환경디자인과 겸임교수 역임 • 2005~현재 홍익대학교 건축공학부 전임교수 Professor of the Graduate School of Architectural engineering Hong-ik University • 2000~현재 ㈜ 로 디자인 도시환경건축연구소 대표 President of L'EAU DESIGN Co.,Ltd.

수상 Awards : • 2003 82회 아트 디렉터즈 클럽, 은상, Renovation Design부문 • 세인트필립 동물병원 (Environment & Renovation design)-Art directors club of 82nd annual awards, U.S.A., Silver Medal award, "St. Philip veterinary office C.I.P" • 2003 82회 아트 디렉터즈 클럽, 특선, Renovation Design부문 • 두 아트 갤러리 샵 (Environment & Renovation design) - Art directors club of 82nd annual awards, U.S.A., Distinctive Merit award, "do.do.do.do. Project" • 2003 2003 D&D Awards British Design & Architecture, England, "Funny train" 2002 월드컵 축구 열차 디자인 • D&D Awards 2003 British Design & Architecture, England - "Funny train in the Environmental Design & architecture, 2002 world cup subway train"

작품 Projects : • Bar L'eau Bar L'eau in Seoul • Alec's Nest Bar Alec's Nest in Seoul • 인사동 두아트 Do Art Gallery of Insadong in Seoul • 세인트필립 동물병원 St. Philip Veterinary Office in Seoul • Funny Train 월드컵 축구열차 "Funny Train" 2002 World Cup Subway Train Design • 기흥 르노삼성자동차 디자인센터 RSM Design Center in Giheung • 채운 Restaurant Iridescent Cloud in Seoul • 안암 오피스 빌딩 2제 Anam office Building 1, 2 in Seoul • 반포 효성 빌라 26 Bapo Hyosung Villa 26 in Seoul • 성북동 Tara K-House 단독주택 Seongbuk Tara K-House Individual Residence • 헤이리 B-30 주택 Heyri B-30 House • 시흥 산업기술대학 게임 역사 박물관 Game History Museum of Korea Polytechnic University in Siheung • 래미안 아파트단지 차별화디자인 연구 Environment Design Suwon Ingye Raemian Apartment Complex

김성식 _ Kim Sung Sik

• 김성식씨는 1968년 서울생으로 1991년 연세대학교 건축공학과를 졸업하고, 1996년 미국 남가주 건축대학 SCI~Arc에서 석사학위를 취득했다. 이후 김준성건축연구소, 팀반건축, (주)종합건축사사무소 범건축 등을 거쳐 1998년부터 건축사사무소 아이건축을 개소하여 운영해오고 있다. 남서울대, 경기대, 건국대, 이화여자대학교에 출강하였으며, 현재 울산대학교 건축대학에서 조교수로 재직 중이다.

• Sung Sik Kim was born in 1968. Graduated from Yonsei University and received M. Arch from SCI~Arc. Worked for Jun S. Kim Architects, Team BAHN and BAUM Architects. And opened Studio i Architecture Design in 1998. Taught at Namseoul University, Kyonggi University, Konkuk University, and EWha Womans University. And now is an assistant professor of U~SOA, University of Ulsan School of Architecture.

김영준 _ Kim Young Joon

●서울대학교 건축과를 졸업하고, 이로재, AA 스쿨(런던), OMA(로테르담)을 거쳐 1998년부터 '김영준도시건축'에서 도시와 건축의 중간 영역에 관심을 가지고 작업하고 있다. 파주출판도시(공동), 일산 허유재병원, 헤이리 자하재, 하이퍼 카탈루냐 스터디, 스페인 발렌시아 공동주거, 행정도시 기본구상 현상설계(1등), 행정도시 첫마을 현상설계(2등) 등의 다양한 작업을 해왔으며, 현재 파주 출판도시 코디네이터와 한국예술종합학교 튜터이다. 지난 2004년 '한국의 미래를 이끌 100인(한겨레신문사)'에 선정된 바 있다.

●YoungJoon Kim graduated from Seoul National University. After experiencing some years ar Iroje(Seoul), AA Schoo(London) and OMA(Rotterdam), he established YO2 architects and has been working there since 1998. His interest in working in between the boundary of urbanism and architecture has been conceived in his previous projects such as Paju Book City(collaboration), HerYooJae Hospital, Hiper Catalunya Study, Valencia Public Housing(Spain), New Administrative City in Korea Int'l Competition(1st Tier Prize) and First Town Int'l Competition in Korea New Administrative City(2nd Prize).Currently he teaches at the Korean National University of Arts, and he is a coordinator of Paju Book City. In 2004, the HanKyoReh newspaper has named him as one of '100 professionals to lead the future of Korea'.

김인철 _ Kim In Chul

●홍익대학교와 국민대학교 대학원을 졸업했다. 십사 년간의 엄덕문 문하를 거쳐 1986년 인제건축을 개설했고 1995년 아르키움으로 이름을 바꾸었다. 전통에 바탕을 둔 공간 해석인 '없음의 미학'을 화두로 작업하고 있으며, 익산 어린이의 집(1996), 김옥길 기념관(1998), 펼쳐지는 집(2002)등으로 건축가협회상, 서울시 건축상,건축문화대상, 아시아태평양문화 건축디자인상을 수상했다. 1989년 [마당의 사상-신세대의 한국건축3인]전(도쿄, gallery ma)이후 4·3그룹에 참여했으며, [건축대전 초대작가전](1986), [4·3그룹 건축전](1992), [한국건축100년전](1999), [헤이리 아트밸리 건축전](2002)등을 통해 작업을 발표했다. 현재 중앙대 교수이자 아르키움의 파트너로 작품활동과 대학에서의 연구를 병행하고 있으며 서울건축학교 운영위원으로 있다. 저서로 [김인철 건축작품집](1989), [솔스티스](1990), [김옥길 기념관](1999), [대화](2002)가 있다.

●1947 born in Jin Hea,Korea ●1972 graduated from the dept.of architecture,Hong-ik university worked in the office of Aum dok-moon ●1981 masters of architecture from the graduate school of architecture, Kuk-min university ●1986 founded INJE architects ●1988 personal exhibition of Yun-hee plastic art hall ●1989 kim in-cherl work collection invited to 3-korean architects exhibition of gallery MA,TOKYO ●1991 exhibition, 4·3 group ●1993 book vestige ●1994 exhibition of Bun-dang housing fair ●1995 changed the name INJE to ARCHIUM second prize of seoul architecture award(collage) ●1996 awarded in KIA(ik san children's house) ●1997 third prize of seoul architecture award(nomad) ●1998 third prize of seoul architecture award(mesotron) ●1999 award of korea architectural culture(kim ok gill memorial hall)award in KIA(kim ok gill memorial hall)third prize of SEOUL architecture award(kim ok gill memorial hall) ●2000 honorable mention of the 2000 kenneth f. brown asia-pacific culture, architecture design award program(kim ok gill memorial hall) ●2003 third prize of SEOUL architecture award (kim ok gill memorial hall)present, professor, jung yang university department of architecture member of administration committee of SA

김종규 _ Kim Jong Kyu

●1993~서울에서 사무실 운영 ●1979~1983 연세대학교 공과대학 건축공학과 (BSc) ●1985~1989 Architectural Association School of Architecture (AA Diploma) ●1992~ 영국 일급 건축사 자격 (ARCUK Registered Architect) ●1993~ 영국 왕립 건축가 협회(RIBA) 정회원 ●1983~1985 동우건축 설계사무실 근무 ●1989~1991 Building Design Partnership (London)근무 ●1991~1993 Florian Beigel Architects (London) 근무 ●1993~M.A.R.U. 건축사사무소 자영 ●1996~1997 북런던대학 건축연구소 책임 연구원 ●1998~ 미술원 건축과 교수

●Made in Seoul in 1960 ●Now Practice Privately in Seoul since 1993 ●1979~1983 BSc in Architecture at Yonsei University ●1985~1989AA Diploma at Architectural Association School of Architecture ●1992~ Registered Member of ARCUK(Architects Registration Council of the United Kingdom) ●1993~ Corporate Member of RIBA (Royal Institute of British Architects) k1 ●1983~1985Dongwoo Architects (Seoul) ●1989~1991Building Design Partnership (London) ●1991~1993 Florian Beigel Architects (London) ●1993~ Private Practice under the Name of M.A.R.U. (Seoul) ●1996~1997 Reader of Research at University of North London ●1998~ Assistant Professor at the Korean National University of Arts ●2003~ Associate professor at the Korean National University of Arts

김준성 _ Kim Jung Sung

●브라질로 이민하여 마켄지 대학 건축과를 마치고, 플랫 인스티튜트건축학부와 콜롬비아 건축대학원을 졸업하였다. 졸업 후에는 포르투칼의 알바로 시자 사무소, 뉴욕의 스티븐 홀 사무소 등지에서 실무를 익혔고 1994년부터 1999년까지 경기대 건축대학원 교수로 재직하였다. 1999년부터 2005년까지 한국예술종합학교 객원교수로 출강하였으며, 헤이리 아트밸리의 건축 코디네이터 역할을 담당하고 있다. ●브라질 상파울로 마켄지대학교 도시 건축대학 졸업 1982 ●미국 뉴욕 프랫 인스티튜트 건축대학, 건축학 학사1984 ●미국 뉴욕 컬럼비아 건축대학원, 건축학 석사 1990

●Born in 1956 in Seoul, Korea. He received a Bachelor of Arts degree from University Mackenzie at S?o Paulo, Bazil, a bachelor of Architecture degree from Pratt Institue and a Master of Architecture degree from Columbia University. He has worked at a number of architectural firms such as Alvaro Siza's in Portugal, and Steven Holl's in New York City. Returning to Korea he began his own practice. From 1994 to 1999, he has taught at the Graduate School of Architecture of Kyounggi University(GSAK) as the first program director and a professor. From 1999 to 2005, he has taught at the Korea National University of Art ●Columbia University, Graduate School of Architecture : Master of Architecture 1990 ●Pratt Institute : Bachelor of Architecture 1984 ●Universidade Mackenzie, Brazil : Bachelor of Art 1982

김헌 _ Kim Hun

●1983 한양대학교 건축공학과 졸업 ●1986 미, The University of Michigan 대학원 건축과 졸업 (Master of Architecture) ●1993 건축사 사무소 yED'A 세움 ●2002 studio asylum 으로 명칭을 바꿈 ●경기대 건축 전문 대학원 겸임교수, sa 튜터.

●1983 Department of Architecture, Hanyang University, Seoul ●1986 Graduate School of Architecture, University of Michigan, Ann Arbor, USA(M.Arch) ●1993 yED'A, Seoul as the principal of the office ●2002 studio asylum, Seoul as the principal of the office, currently ●Teaches at the graduate school of architecture, Kyonggi University (GSAK) as an adjunct faculty

[ㅁ]

민규암 _ Min Kyu Am

●민규암은 서울대 건축학과를 졸업하고, 미국 MIT 건축 대학원에서 설계 전문 과정을 마쳤다. 첫 건축 작품 '한호재'로 건축문화대상, 건축가협회상, 동아시아 건축가협회 아카시아 건축상 등을 수상하는 영예를 안았다. 현재 토마 건축사 사무소를 운영하면서 건축활동과 더불어 단국대학교 겸임교수로서 학생들을 가르치고 있다. 또한 건축사협회의 국제위원으로서 APEC 건축위원회 등 각종 국제건축회의의 한국 대표로 활동하고 있다.

●1966 born in Seoul, Korea ●1988 graduated Seoul National University(B.S) ●1991 graduated M.I.T.(M.Arch) ●1993~1995 worked for Ilkun Architects, Seoul ●1996~1998 worked for I&S consortium in cooperation with Norman Foster Associates ●1998 established TOMA architects ●1999 KIA Award ●KIRA Awad 2000 Arcasia Award ●2001 KIRA Award ●2001~A international committee member

민선주 _ Min Sun Ju

●1978~1980 연세대학교 공과대학 건축공학과/ 명예동문 ●1981~1984 콜롬비아 대학교 바나드 대학 건축학과 예술학사/ 건축계통 최우수장학상 ●1984~1988 하버드대학교 디자인 대학원/ 건축석사/ 최우수성적 ●1994~2002 경기대 건축대학원 겸임 교수 ●2002~ 연세대학교 건축학과 교수

●4TH fl. YERC. Yonsei University 134, Sinchondong, Seodaemun~gu, Education Harvard University, Graduate School of Design, M.Arch, Distinction ●1988 Columbia University, Barnard College, B.A., Josephine Paddock Fellowship ●1984 Yonsei University, Architectural Engineering ●1978~1979 Honors 2nd Soling Copetition, Grand Prize, East Harlem Housing Project, 1987 Josephine Paddock Fellowship, Columbia University ●1984 Marcia Mead Design Award, 1983

[ㅂ]

방준 _ Bahng Joon

●2000 University of California, Berkeley ●Master of Urban Design, MUD ●1985 서울대학교 대학원 건축학과 ●1983 서울대학교 공과대학 건축학과 ●1978 보성고등학교 졸업 ●2006~현재 General Manager, Asian Operations ●Kyu Sung Woo Architects Inc. Cambridge, Massachusetts ●2004~2006 Project Manager/ Lead Architect ●The Louis Berger Group, Inc. Phnom Penh, Cambodia ●2003~2004 (주)두가 건축사사무소 소장(주)풍진 ID 건축설계 고문 ●2001~2002 Ellerbe Becket Korea 한국 지사장 ●2000~2001 Business Development Director ●Ellerbe Becket Inc. Minneapolis, Minnesota ●1995~1999 Senior Associate ●Kyu Sung Woo Architects, Inc. Cambridge, Massachusetts ●1991~1994 종합건축사사무소 다인건축 소장 ●1986~1990 (주)서울건축 ●1985~1986 육군 제3사관학교 소위임관, 석사장교 ●1982~1985 원도시 건축연구소 근무

●Master of Urban Design, University of California, Berkeley, 2000 ●Master of Architecture, College of Engineering, Seoul National University, 1985 ●Bachelor of Architecture, College of Engineering, Seoul National University, 1983 ●Licensed Architect, Republic of Korea, 1989 ●Member of Korea Architects Institute ●Member of Korean Institute of Registered Architects 1991~1996 ●2006~ Present General Manager Asian Operations, ●Kyu Sung Woo Architects Inc. Cambridge, Massachusetts ●Asia Cultural Complex, Gwangju, Ministry of Culture and Tourism, Republic of Korea

[ㅅ]

서용근 _ Seo Yong Geun

●한양대학교 건축공학과 졸/ 동대학원 졸 ●현 위드종합건축사사무소 대표 ●가르멜 성당 및 수녀원/ 헤이리 아오갤러리 ●관음재/ 안산 선부교회/ 매스메스에이지 사옥 ●금진 주유소 외 다수 ●98' 한국건축문화대상 수상 (주거부문/ 관음재) ●03' 한국건축문화대상 본상수상 (비주거 부문/ 매스메스에이지 사옥)

●Graduated and received his master's degree from Hanyang University ●seojeong architects, Opened With architects. ●major projects include Carmelite Convent, Heyri Aokaeru, Kwaneumjae ●Ansan Sunbu Church, Studio Massmessage, Keumjin Gas Station ●Received Korean Architectural Culture prize for his work 'Kwaneumjae' ●Received Korean Architectural Culture prize for his work 'Studio Massmessage'

서혜림 _ Suh Hai Lim

●콜롬비아대학 건축과를 마치고, 하버드 건축대학원을 졸업하였으며, 쿠퍼유니온에서 설계논문 발표 및 전시하였다. 졸업 후 뉴욕에서 실무를 익혔고 로드 아일랜드 건축디자인 대학, 플랫 인스티튜트 대학 등에서 설계과목을 지도하였다. 1994년 서울로 돌아와 서혜림 건축 연구소를 운영하였고, 1997년 이후 현재까지 (주)건축사사무소 힘마를 운영하고 있다. 여러 설계 경기에서 당선하였고, 건축가협회상을 비롯하여 서울특별시 건축가상을 수상하였다. 2004년 하버드 건축대학원에서 겐조 탕게 초청 교수로 설계지도를 하였고 파주 출판도시 어린이 건축학교 워크샵의 코디네이터를 담당하기도 했다. 2005년 "Architecture Record"의 'Design Vanguard '에 선정되었으며, 2006년 런던 건축 비엔날레 "The world in One city~A sketch for London" 전시에 참여하였다. 주요작품으로는 시청어린이집, 국립문화재연구소, 현대고등학교, 열린책들, 보림출판사 등이다.

●Hailim Suh born in Seoul, Korea, she received a Bachelor of Arts degree from Columbia University, in 1984 and a Master of Architecture degree from Harvard University, Graduate School of Design, in 1991. She also studied the Cooper Union School of architecture as an exchange thesis student. She has worked at a number of architectural firms in New York City and has taught design studios at Rhode Island School of Design and Pratt Institute Returning to her homeland in 1994, she began her practice in Seoul as well as teaching design studios in diverse universities in Seoul. Since 1997 she has been a principle at himma Architecture Studio winning number of competitions and awards including KIA awards and Seoul Architectural Work Awards. She served Architectural Committee member for the City of Seoul.

●In 2004, she was a Kenzo Tange visiting professor at the Graduate School of Design, Harvard University and organized Architecture Workshop for Children. Himma's works was selected and published in the Design Vanguards 2005 by Architectural Record and also participating the exhibition, "The world in One city-A sketch for London"-London Architecture Biennale 2006.

손진 _ Son Jean

●1986 홍익대학교 건축학과 ●1993~1995 스튜디오 프란체스코 베네치아(나폴리) ●1995~1996 스콥피예 건축사두소(마케도니아) ●1997 이손건축 설립 ●2003~2004 홍익대학교 건축학과 겸임교수 ●2005~2006 고려대학교 건축학과 겸임교수 ●1990 모스크바 국립 극장 국제현상설계(모스크바) ●1993 레페 시민센터(이탈리아) ●1995 스콥피예 복합시민센터(마케도니아) 작품으로는 ●1992 가족 묘지(시칠리아, 이탈리아) ●1992 빌라 마리아(나폴리, 이탈리아) ●1993 아미엥 대학 법정대학 및 도서관 (아미엥, 프랑스)/ 국제현상설계 1등 ●1997 K씨 주택(일산) ●1998 창원시 장애인 생활관/ 국내 현상공모 1등 ●1999 THE BAR(광화문) ●2000 원룸하우스(신림동) ●2000 천주교회 사제관 신축 및 본당 리노베이션(성수동) ●2001 베텔스만 북클럽 (강남)/ 지명현상당선 ●2001 시집 박물관(인사동) ●2001 공군 박물관 수장고(청주 공군사관학교) ●2001 베텔스만 북클럽(종로) ●2001 성 프란체스코 수도회 소강당 리노베이션(정동) ●2002 베털스만 북클럽(대구) ●2002 THE BAR dopo(서초동) ●2002 천사유치원(안양) ●한국건축가협회 '9월의 건축물' 선정 ●대한건축학회 '우수교육시설' 선정 ●한국건축가협회상 수상 ●2002 안상규 스튜디오(헤이리 아트밸리) ●2003 황규선 living culture (신사동) ●2003 한옥 리모델링,주택/콘서트홀/bar (부암동) ●2004 KT 본사 솔루션 사업단 리노베이션(분당) ●2004 궁중음식 전문점 '지화자'(삼청동) ●2004 손정완 패션사옥 증축 및 리모델링(논현동) ●서울사랑 시민상 수상(건축부문) ●2005 아란 유치원(용인) ●2005 손정완 구사옥 리모델링 및 증축(청담동) ●2006 동은 유치원 리모델링(분당) ●2006~ 운문 유치원 신축(경산시)

●Bachelor of Architecture, Hongik University, Seoul, 1986 ●Studio Francesco Venezia, Naples, 1992~1995 ●Studio Skopje, Macedonia, 1995~1996 ●Adjunct professor, Hongik University, Seoul, 2003~2004 ●Adjunct professor, Kcrea University, Seoul, 2005~2006 ●Head chief of ISON ARCHITECTS, Seoul, 1997~ WORKS ●K House, Ilsan city, Korea, 1997 ●Sheltered Accomodation for Handicaped, Changwon city, Korea, 1998 ●The Bar, Seoul, 1999 ●One Room House, Sinrim dong, Seoul, 2000 ●Parsonage and Renovation of Church, Sungsoo dong, Seoul, 2000 ●Cite (Poetry Museum), Insa dong, Seou, 2001 ●Storage of Airforce Museum, Chungju city, Korea, 2001 ●Bertelsmann Book store, Jongno/Gangnam, Seoul, 2001 ●Francesco Priory, Jungdong, Seoul, 2001 ●Bertelsmann Book store, Daegu city, Korea, 2002 ●The Bar dopo, Seocho dong, Seoul, 2002 ●Kindergarten 'Angel', Anyang city, Korea, 2002 ●ASK Studio, Heyri Art Valley, Korea, 2003. ●Hwang's Living Culture, Sinsa dong, Seoul, 2003 ●Remodelling Korean Traditional House, Buam dong, Seoul, 2003 ●KT Solution, Bundang city, Korea, 2004 ●'Jihwaja'-court food store, Samchung dong, Seoul, 2004 ●Remodelling SJW Fashion Studio, Nonhyeon dong, Seoul, 2004 ●Kindergarten 'Aran', Yongin city, Korea, 2005 ●Cafe Times Two, Chungdam dong, Seoul, 2005 ●Kindergarten 'Dong Eun', Bundang city, Korea, 2006 ●Kindergarten 'Unmun', Kyungsan city, Korea, under construction

송광섭 _ Song Kwang Sub

●1973 인하대학교 건축과 졸업 ●1980 건축사면허취득 ●1993 중앙대학교 건설대학원/ 경력●1973~1975 안영배 건축 연구소 ●1975~1976 제네랄 건축 연구소 ●1976~1987 대우 건축연구소/ 실장 ●1981~1982 환 건축 연구소 개소/ 소장 ●1983~1990 환 종합건축사무소/ 대표1985~1997 인하대학교 건축공학과 강사 ●1990~2003 환 건축사무소/ 대표 ●1985~ 건축대전 초대작가 ●1998~ 인하대학교 건축학부 겸임교수 ●2004~ 건축사사무소 환아키그룹/ 대표/ 수상 ●1971 대한민국 국선 입선 ●1976 주택공사 견립주택 가작 입선 ●1978 제3회 공간대상현상 우수상 당선 ●1983 대한건축사협회 현상설계 최우수상 당선 ●1983 대한건축사협회 장려상 수상 ●1985 서울시 건축상 장려상 수상 ●1985 대한건축사협회 장려상 수상 ●1988 경향하우징 페어 은상 수상 ●1992 중앙대 건설대학원 현상가작 ●1994 쌍용양회 주택현상 우수상 ●1995 인천시 건축상 은상 수상 ●2006 한국건축문화대상 준공부분 우수상 수상 ●대한건축사협회 정회원 ●한국건축가협회 정회원

●1973 department of architecture, Inha University ●1980 Registered architect license acquisition.(graduate first) ●1993 graduate school of architecture, Chung-Ang University/ record ●1973~1975.An-Yeong-Bae architectural Research Institute ●1975~1976 general architectural Research Institute ●1976~1987 section chief, worked at daewoo architectural Research Institute ●1981~1982 principal, whan architectural Research Institute ●1983~1990 ceo, whan general anarchitectural firm ●1985~1997 lecturer in architecture at Inha University ●1990~2003 ceo, whan architectural firm ●1985~ invited architect, national exhibition of Korea architecture ●1998~ portfolio professor in architecture at Inha University ●2004~ ceo, whan archigroup architectural firm winning a prize ●1971 selected, national exhibition of Korea architecture ●1976.fine piece of work, KNHC award ●1978 Excellent Prize, SPACE PRIZE ●1983 Best Prize, Korea Institute of Registered Architects Prize ●1983 winning a prize, Korea architecture award ●1985 winning a prize ,Seoul architecture award ●1985.winning a prize ,Korea architecture award ●1988 winning a prize ,Kyung hyang housing fair award ●1992 fine piece of work, Chung-Ang University graduate school of architecture prize ●1994 Excellent Prize, Ssangyongcement house prize ●1995 winning a prize, Incheon architecture award ●2006 Excellent Prize, Korea architecture award ●regular member, KIRA ●regular member, KIA

승효상 _ Seung Hyu Sang

●서울대학교를 졸업하고 비엔나 공과대학에서 수학했다. 15년간의 김수근 문하를 거쳐 1989년 그 자신의 사무소인 이로재를 개설한 그는 한국 건축계에 신선한 바람을 일으킨 4.3그룹의 일원이었으며 새로운 건축교육을 모색하고자 설립된 서울건축학교의 운영위원0 기도 하다. 저서로는 '빈자의 미학'(1996)과 '지혜의 도시/지혜의 건축'(1999)등이 있으며 1998년 북 런던대학의 객원교수를 역임한 후 현저 서울대학교등에 출강하였다. 20세기를 주도한 서구 문명에 대한 비판에서 출발한 '빈자의 미학'이라는 주제를 그의 건축의 중심에 두고 작업하고 있으며, 수졸당(1993), 수백당(1998), 웰콤시티(2000)등으로 여러 건축상을 수상하였다. 현재 파주출판 도시의 코디네이터로 새로운 도시 건설을 지휘하고 있는 그에게 미국건축가 협회는 Honorary Fellowship을 수여하였으며, 2002년 건축가로서는 최초로 국립현대미술관의 '올해의 작가'로 선정되었다.

●Born in 1952. Graduated from Seoul National University and studied at Technische Universitaet Wien. Worked for Kim Swoo Geun from 1974 to 1989 and established his own office "IROJE architects & planners' in 1989. He was a core member of 4.3 Group which strongly influenced Korean architectural society, and was a board member of Seoul School of Architecture. He is the author of 'Beauty of Poverty(1996)' and 'City of Wisdom, Architeture of Wisdom(1999)' and was an Honorary Visting Professor of North London University and is currently teaching at Seoul National University. He won various prizes with his practice and works such as 'Sujoldang' 'Subaekdang', 'Welcomm City' etc. and is the coordinator for 'Paju Book City' currently under construction near Seoul. The America Institute of Architects invested him with Honorary Fellow of AIA in 2002 and Korea National Museum of Contemporary of Art selected him as 'The artist of year 2002,' first time for an architect.architecture award (kim ok gill memorial hall) present, professor, jung yang university department of architecture member of administration committee of SA

[ㅇ]

오우근 _ Oh Woo Keun

●지음아키씬 건축사사무소 대표 ●한양대학교 건축공학과, studio metaa, m.a.r.u 건축사사무소, (주)고려건축 ●넘치는 교회, 인사동쌈지마켓, 서울문화재단, 인사미술공간, 헤이리딸기가 좋아2.

●zium archi scene Architects & PlannersDepartment of Architecture, Hanyang Univerisity, studio metaa, M.A.R.U., Koryo Architects Engineers Co.,Ltd. ●Neumchinun Church, Ssamzie Market, Seoul Foundation for Art & Culture, Insa Art Space, I Like Ddalki 2.

우경국 _ Woo Kyung Kook

●1973년 한양대를 졸업하였고, 1989년부터 예공건축을 운영하였으며, 1990년부터 4.3그룹 활동. 1992년 경기대 대우교수, 디자인 디렉터로 10년간 활동하였다. 2000년부터 한국건축가학교(SAKIA)의 총괄교수(1기~4기)를 역임하였다. 2007년 현재는 한양대학교 건축학부 초빙교수로 있으며, (주)예공아트스페이스 대표건축가로 있다. 1995년 '몽학재'로 강구조 작품상과 건축문화대상을 수상하였으며, 2000년 '평심정'으로 건축문화대상, 2003년 '아크로스', 2005년 '갤러리MOA', 2006년 '백순실 미술관(금산갤러리)'으로 한국건축가협회상을 수상하였다. 1990년 "건축의 이념, 무이념, 탈이념", 1994년 "한국 현대건축의 흐름과 전망", 1997년 "패러디와 패러디적 현상", 2000년 '사회구성 소멸과 거대담론구성" 같은 다양한 에세이와 논설을 발표하였으며, 2001년에는 영국 던디대학에서 특별 초청하여 "마당공간의 비결정성"이라는 주제로 강의를 하였다. 2006년에는 영국-던디 건축대학 초청으로 Lowyer Foyer Gallery에서 "관계현상의 미학"이라는 주제를 가지고 전시 및 강연을 하였으며, 동일한 주제로 2006년 11월에는 파리에 있는 라빌레뜨 건축학교에서도 강연을 하였다.

●저서로는 「관계, 흐름, 건축」, 「평심정」, 「헤이리 건축」, 「우경국 작품집-관계현상의 미학」이 있으며, 대표작으로는 여운헌, 관수정, 몽학재, 남명기념관, 평심정, 아크로스, 마음등불(후명원), 갤러리MOA, 백순실 미술관, 세자매 주택등이 있으며, 현재 Heyri Art Valley 내 퀼트하우스와 파주 지역의 교육센터 아트빌, Paju Book City내 신광종합출판사, 동화기술교역사옥의 설계작업을 하였다.

●Architect Woo Kyung Kook was born in Gwangju-si, Kyunggi-do, Korea in 1946. Graduated from Hanyang University. Opened Yekong Architects & planners in 1989. Currently, visiting professor at Hanyang University and representive architect at Yekong Architects & planners. Received Korean Steel Structure Prize-'Mong Hak Jae' in 1995, Korean Architectural Culture Prize-'Mong Hak Jae' in 1995, 'Pyung Shim Jung' in 2000 and Korean Institute of Architects Awards - 'Acros' in 2003, 'Gallery MOA' in 2005, 'Baik Soon Shil Museum(Keum San Gallery)' in 2006. He published works include 「Relation, Flow, Architecture」in 1998,「Pyung Shim Jung」 in 2000,「Heyri Architecture」and 「Architect Kyung Kook Woo - Aesthetics of the Relational Phenomenon」in 2006. Announced「Ideology, Absence of Ideology and de-Ideology in Architecture」in 1990, 「Flowing & View of Korean contemporary architecture.」in 1994,「Parody and Parodic Phenomena (The Cultural Logic of pastiche)」 in 1997,「Disappearance of social structure and Necessity of meta-discourse.」in 2000. And lectured on「In-Determinacy of MADANG SPACE.」in 2001 at the Dundee University. U.K. Exhibited on「Architect Kyung Kook Woo-Aesthetics of the Relational Phenomenon」in 2006 at the Dundee, U.K. Lectured on 「Architect Kyung Kook Woo Aesthetics of the Relational Phenomenon」in 2006 at the Dundee, U.K. and Paris, France. Major projects include Gwan Su Jung House, Mong Hak Jae House, Pyung Shim Jung House, Nam Myeong Memorial Hall, Acros, Hu Myung Won-voidium, Gallery MOA, Baik Soon Shil Museum(Keum San Gallery), Three Sisters House, Quilt House, Kindergarten Artvill, Shin Kwang Publishing Printing Co., Dong Hwa Publishing Company .

윤재은 _ Yoon Jae Eun

●국민대학교 교수 ●홍익대학교 건축학과 박사수료, 미국 프랫 인스티튜트 석사졸업, DIS, 덴마크 코펜하겐 건축과 디자인 과정 수료, 홍익대학교 학사 졸업, 주요작업으로 삼성화재 스타지오 교통나라 어린이 박물관, 뉴욕 코리아 팔레스 레스토랑, 안세로펌, 25.7하우스, 송헤이븐 등이 있다.

●Architect Jae Eun Yoon(Professor, Kookmin University) ●Hong~Ik University, Ph. D. Architecture completion, Pratt Institute MS, DIS Denmark Copenhagen Architecture and Design completion, Hong~Ik University BFA ●Works: Samsung Insurance Co., Stargio Museum, Korea Palace Restaurant~NY, USA, Anshe Lawfirm, 25.7 House, Song Haven House etc.

이동헌 _ Lee Dong Hun

●홍익대건축과졸업 ●현재 운영건축사사무소 대표

●Born in Seoul 1963 ●Graduated from HongIk University Department of Architeture ●President of WoonYoung Architets & Designers

이민 _ I Min

●1978 충남대학교 건축학과 ●1984 서울대학교 환경대학원 ●1983~84 도시 및 지역계획 연구소(서울) ●1992~95 스튜디오 프란체스코 베네치아(나폴리) ●1997 이손건축 설립 ●2000 한국예술종합학교 건축과 강의 ●1992 가족묘지(시칠리아) ●1992 빌라 마리아(나폴리) ●1993 해변 휴양지 정비계획안(알리칸테, 스페인) ●1994 베니스대학 건설 재료실험관(베네치아) ●1994 맨하탄 도시광장지명 현상설계(뉴욕) ●1996 베니스 비엔날레 출품 (건축부문, 명동성당 마스터플랜) ●2002 광주 비엔날레 출품

●Bachelor of Architecture, National University of Chungnam, Daejeon, South Korea, 1978. ●Graduate School of Environmental Studies, Seoul National University, Seoul, 1984. ●Institute of City and Regional Planning, Seoul, 1983~1984. ●Studio Francesco Venezia, Naples, 1992~1995. ●Instructor of Architecture, The Korean National University Of Arts, 2000Head chief of ISON ARCHITECTS, Seoul, 1997~

이정규 _ Lee Jeong Kyu

●서울대학교 건축학과 ●서울건축 ●건축사사무소 아람, 광장 소장 ●건축사사무소 단우, 모람 소장 ●배재대학교 건축학부 교수

●Dept. of Architecture, Seoul National University ●SAC international ●Chief of ARAM PLAZA ●Chief of DANU,MORAM ●Prof. of PAICHAI university

이상헌 _ Lee Sang Hun

●서울대학교 건축학과(1982)와 동 대학원(1984) 졸업 후 일건과 정림건축에서 실무를 익히고1987년 인우건축을 설립 파트너로 활동하다 1988년 도미하여 미국 MIT의 건축과에서 1996역사이론비평 박사학위를 받았다. 미국 Woo&Williams에서 파트타임으로 근무했고, 귀국 후 인우건축 파트너로 실무를 하다 1998년부터 건국대학교 건축전문대학원에서 설계 스튜디오와 역사이론을 가르치고 있다. 미국과 한국의 건축사 자격을 가지고 있으며, 1996년 창원시립 가음정 도서관 현상설계에 당선. 묵동 교회, 초도리 팬션 등의 계획안이 있다. 저서로는 철 건축과 근대건축이론의 발전(2002), 문화도시 어떻게 만들 것인가(공저, 2001)와 다수의 논문이 있으며 한국의 현실에 바탕을 둔 건축과 도시의 설계론을 모색하는데 관심이 있다.

●Born in Seoul(1960), received Bachelor and Master's degree in Architecture at Seoul National University(1984) and Ph. D in histoty, theory and crticism at MIT(1996). He worked at Il Kun (1982~83) and Jung Lim Architects (1985~1987) and worked partime at Woo & wiiliams. He was founding partner of INU architects and registered architect in the U. S and Korea. Currently he is a professor of Konkuk graduate school of architecture. He won the Competition for Ga Eum Jung Public Library, Chang Won(1996) and was a Master architect of Wangsipri New town(2003) He has many publications including "Iron construction and development of modern architectural theory." (2002)

이종호 _ Lee Joung Ho

●1980 한양대학교 건축학과 ●1980~1989 공간연구소, 설계실장 역임 ●1989 건축연구소 studio METAA 설립/대표 ●1999 도서출판 METAA 설립/대표 ●1991~1993 한양대학교 설계스튜디오 강사 ●1994~ 서울건축학교 스튜디오 튜터 ●2000~2003 한양대학교 건축 디자인 대학원 겸임교수 ●2005~present 한국예술종합학교 건축과 교수

●1980 Hangyang University, Department of Architecture ●1980~89 Chief Architect, Space Group of Korea ●1989 Established Studio METAA ●1991~1994 Visiting Professor, Hanyang University ●1995 Tutor, Seoul School of Architecture ● 2000~2003 Professor, Hanyang graduate School of Architecture ●2005~Present professor, Korean National University of Arts

이은영 _ Lee Eun Young

●독일건축사, Dipl.~Ing. RWTH Aachen. 독일건축사협회/ 독일건축가협회/ 한국건축가협회 회원 ●서울고등학교, 한양대학교 건축학과를 졸업하고 1984년 독일로 건너간 이후 2000년 벽두 한국에 다시 오기까지 유럽에서 건축활동. 1990년 아아켄공대(RWTH Aachen)에서 건축학 디플롬을 받은 이후 O.M.웅어스, J. 쉬어만 설계사무소에서 근무하였으며, 독일연방건축사 자격을 취득한 후 1994년부터 이제까지 독일 쾰른에서 이은영 설계사무소 (Yi Architects)를 운영하고 있다. 이때부터 아아켄공대 건축학과에 출강하여 왔으며, 2000년부터는 한양대학교 안산캠퍼스 건축학부 교수로 재직중이다. 역사의 두께를 잊고, 영혼의 깊이를 잃어버려 가는 현대건축의 제 현상에의 문제의식으로부터 작업이 출발되며, 인류가 지닌 공동의 본질적 가치를 건축으로 정제시키는 작업에 몰두하고 있다. 주요작품으로 슈투트가르트 중앙도서관(유럽공개현상설계 1등 당선), 남경도서관 계획안(국제지명설계 우수작), 코트부스주정부청사 계획안(유럽공개현상설계 5등 입상), 바이마르 시민회관 개축계획안(유럽공개현상설계 4등 입상), 쾰른 캐톨릭미술관 계획안(국제현상설계 가작), 베를린 중앙역지구 계획안 (독일공개현상설계 8등 입상), 백남준미술관 계획안(국제현상설계 최종8작), 한양대학교 안산캠퍼스 중앙수광장, 주한독일문화원 개축, 헤이리 주택 I, II, III, 함양 수해이주민단지 등이 있다.

●Eun Young Yi was born in DaeJeon in 1956. Graduated from Hanyang University and received a Dipl.-Ing. RWTH Aachen, Germany. Worked for O. M. Ungers and J. Sch?rmann in Cologne. After receiving architects licence from Germany, established office of Eun Young Yi (Yi Architects) in Cologne. He taught in RWTH Aachen in Germany and since 2000 is a professor in Hanyang University. His most famous project is the New City Library in Stuttgart, which he has won through an Europe open competition. He won numberless Prizes by international architectural competitions. He tries to combine the classic language of architecture to the modern architecture, pursuing to search the essential values.

Major projects include Library 21 in Stuttgart (Europe open competition 1.awards,1999), Nanjing Library (International invited, 1999), Aqua-Forum of Hanyang University in Ansan Campus (2002), City Hall in Weimar (Europe open competition 4.awards,1996), Government Building in Cottbus (Europe open competition 5.awards,1996), Nam June Paik Museum in Yong In (International open competition 8 finalist,2003), Remodelling Goethe Institute Seoul (2003~)

임상관 _ Lim Sang Kwan

●홍익대학교 건축학과 졸업 ●경력 세마건축/ 엄이건축/ 삼우설계 ●현재 (주)테트라 건축사사무소 대표이사 ●주요작품 삼성화재 본사사옥, 대전엑스포93 마스터플랜, 엑스포과학공원 마스터플랜, 엑스포93 삼성우주탐험관, 가나아트센터, 인사아트센터, 압구정디아모레 갤러리, 르 씨트 빌모트등 이하 생략 ●수상경력 21세기 구상전 대상 수상/ 대전 세계박람회 조직위원회 표창/ 2000년 건축문화대상 수상/ 2001 한국건축가 협회상 수상. ●Honk-Ik University, Bachelor of architecture ●Se-Ma Architectural firm/ Um-Lee Architectural firm/ Sam-Woo Engineering Currently President of Tetraae Architectural firm ●Major Works: Samsung Fire A Marine Insurance co. main office building, Daejeon Expo 93 Master Plan, Expo Science Park Master Plan, Expo 93 Samsung Space exploration exhibit, Ga-Na Art Center, Insa art center, The Amore Gallery

임재용 _ Lim Jae Yung

●University of Michigan ●School of Architecture and Urban Design ●Master of Architecture,1986 ●서울 대학교 건축학과, 1984 ●미국 건축사 C~22933 ●한국 건축사:제 8802호 ●1996~현재 :건축사 사무소 OCA대표 ●2000~현재 서울대 건축학과 출강 (건축설계스튜디오) ●1996~1998 경기대 건축 대학원 겸임 교수 ●1990~1996 건축 연구소 OCA, Los Angeles 소장 ●1989~1990 Eric Owen Moss Architect 근무 ●1986~1989 Son & Francis Architects 근무

●1996~Present O.C.A, principal ●2000~Present Visiting professor at Seoul National University ●1996~1998 Visiting professor at G.S.A.K ●1996 Moved back to Korea ●1990~1995 Established O.C.A., Los Angeles ●1989~1990 Worked for Eric Owen Moss, Culver City, USA ●1986~1989 Worked for Son & Francis Architects, USA ●1984~1986 University of Michigan, Ann Arbor, U.S.A, M. Arch. ●1980~1984 Seoul National University, B. Arch. ●1961 Born in Seoul

[ㅈ]

전주리 _ Chun Joo Ri

●Southern California Institute of Architecture(Sci-Arc) 졸업 ●KANNER ARCHITECTS 프로젝트 디자이너 ●주요작품: 레세다 극장 레노베이션, 이글락 하우징, 오로라 월드 미국본사.

●Education: Southern California Institute of Architecture (Sci-Arc), Bachelor of architecture ●Experience: KANNER ARCHITECTS: Project Designer ●Major Works: Reseda Theater Renovation, Eagle Rock Housing, Aurora world Inc, USA Office and showroom

정일교 _ Jeong Ill Kyo

●1993년부터 서울에서 사무실 운영 ●1979~1983 연세대학교 공과대학 건축공학과 ●1983~1985 연세대학교 공과대학 대학원 건축공학과 (건축계획)자격 ●1992~ 대한민국 건축사 자격 (KIRA Registered Architect) ●1993~ 대한민국 한국건축가협회 정회원 ●1993~1997 M.A.R.U. 건축사사무소 대표 ●1998~2002 (주)초석 건축사사무소 대표 ●2003~ (주)M&A2 건축사사무소 대표 ●2001~ 한국예술종합학교 미술원 건축과 겸임 교수 ●2001~2002 목원대학교 건축과 겸임 교수 ●2002~2003 우송대학교 건축과 초빙 교수

●1961 Born in Seoul, KOREA ●1993 Started own studio in Seoul ●1979~1983 Graduated Yon~sei University, department of architecture ●1983~1985 Graduate from Yon~sei University graduate school ●1992~ Republic of Korea architect qualification (KIRARegistered Architect) ●2003~ (Co)M&A2.ltd architect office representatives ●2001~ The Korea National University Of Arts/ School of Visual Arts/ Department of Architecture Professor ●2001~2002 Mok~won University Department of Architecture Professor, in Daegeon ●2002~2003 Woo~song University Department of Architecture Professor, in

정진국 _ Jeong Jin Kouk

●한양대학교 건축대학 건축학부 교수/ 학부장 ●1993 프랑스 파리 고등 사회과학원 졸업 (예술사학 박사) ●1990 프랑스 파리-벨빌 건축대학 졸업 (건축사) ●1980 한양대학교 공과대학 건축공학과 졸업(공학사) ●2005 한국건축가협회상 ●1996 한국건축가협회상 ●2006 '전곡선사박물관' 국제현상 가작 ●2005 '서울공연예술센터' 국제현상 2등 ●2005 '토포하우스' (서울 인사동) ●2005 '둘을 하나처럼' (경기도 광주) ●1996 '열린 집 하나' (서울 평창동) ●2004 '프레시지옹'(역서) ●2001 '르 코르뷔지에가 선택한 최초의 색채들'

●Architect, Professor of Architecture & Architectural Theory ●School of Architecture, Hanyang University ●1993 Ph.D in History of Art(with Professor Hubert Damisch)-Ecole des Hautes Etudes en Sciences Sociales, Paris, France ●1990 Architecte D.P.L.G-Ecole d'Architecture de Paris-Belleville, Paris, France ●1980 B. Arch-Department of Architectural Engineering, Hanyang University, Seoul, Korea ●2005 Korea Institute of Architectes Award (Best Seven of the Year) ●1996 Korea Institute of Architectes Award (Best Seven of the Year) Competitions ●2006 International Competition for 'Jeongok Prehistory Museum', Korea (Merit Award) ●2005 International Competition for 'Seoul Performing Arts Center', Korea (Second Prize) ●2005 'Topohaus', Insadong, Seoul, Korea ●2005 'Two Like One', Gwangju, Gyeonggi-do, Korea ●1996 'Open House', Seoul, Korea Publications ●2004 'Presision'(Korean Translation), Dongnyok, Seoul, Korea ●2001 'The First Colors of Le Corbusier', Space, Seoul, Korea

조병수 _ Cho Byoung Soo

●AIA(미국건축사)하버드대학교 ●한국건축가협회 회원 ●조병수씨는 몬타나주립대학에서 건축학 학사, 하버드에서 도시설계학석사와 건축학 석사를 취득했다. 1994년 조병수 건축연구소를 개소한 이후, 'ㅡ'자집과 'ㄱ'자집, 현대적 버나큘라, 유기성 대 추상성이라는 테마를 가지고 활발히 활동해왔다. 독일 국립대학교인 카이저스라우테른과 연세대, 한양대, 경기대를 포함한 여러 대학에서 설계와 이론을 가르친 바 있으며, 1999년부터 미국 몬타나주립대 부교수로 재직중이다. 한국건축가협회 아천상, 크리악 어워드, 미국건축가 협회상 등을 수상했으며, 최근 작업은 'ㅁ'자집, 카메라타 황인용 음악스튜디오, H 주택 등이 있다. 2004년 4개의 미국건축가협회상과 한국건축가상을 수상하고, 미국 「Architectual Record」에서 선정한 세계의 선도적 건축가 11인에 포함되기도 하였다.

●ByoungSoo Cho born in Seoul. From Montana State University he has received B.Arch and from Havard, MAUD and M.ArchⅡ. He has taught at various universities including University Kaiserslautern, YonSei, HanYang, and GyoungGi University and now he is an associates professor ay Montana State University, USA since 1999. He has received KIA Award, Cri~Arc Award, AIA Honor Award Montana Chapter. His recent works include 'ㅁ Shaped Concrete Box House', 'Camerata Music Studio and W Residence', 'H Residence', etc. In 2004, he has received four AIA Honor Awards(Two Northwest and Pacific Regional and two Montana Chapter), KIA Award. His firm has been selected an one of eleven Vanguard Firms of the world by 「Architectural Record」(Dec, 2004)

주영정 _ Joo Young Jung

●1982년 연세대학교 건축공학과를 졸업하고 동 대학원에서 석사, 박사학위를 받았다 ●1982년 그룹가건축을 거쳐 코메리칸(Komerican) 건축연구소에서 1988년까지 근무한 바 있으며, 1990년에 (주)예조건축을 설립했다 ●1991년 〈초동교회 안성수양관〉설계경기 당선을 시작으로 〈순창군 문예회관 및 가인기념관〉, 〈(주)쌍용 저동사옥〉, 〈고양시 노인복지회관〉, 〈구리시 실내체육관〉, 〈한국가스안전공사연수원〉, 〈마포구 노인종합복지회관〉, 〈해남 자연사박물관〉, 〈평택 성결교회〉, 〈동안교회〉 등의 작품이 꾸준하게 당선됐다 ●2001년 'Macro & micro'란 주제로 일리노이대학에서 환경공간디자인전 ●2002년 중국에서 한중일 환경도시건축전에 참가한 바 있다 ●1993년〈초동교회 안성수양관〉으로 대한민국 건축문화대상 ●1996년 〈구리시 실내체육관〉으로 구리시 건축상 금상 ●2002년 〈쉬즈메디 병원〉으로 수원시 건축상 금상을 수상했으며 ●2003년 THE 3rd Asian Environmental Urban & Architecture Dedign 2003 Award를 수상하였고 ●2004년 중국 연변대학교 미술대학(국제설계경기 최우수) ●2006년 전주대학교 민자유치 기숙사(설계경기 최우수)작으로 선정 되었다 ●1998년부터 대한민국 건축대전 및 한국건축 100년전의 초대작가로 선정되었고 1990년부터 연세대학교, 수원대학교, 광주대학교에 출강, 현재 숙명여자대학교 미술대학 겸임교수, 경희대학교 겸임교수, 연변과학기술대학 겸직교수, 연세대학교 객원교수로 재직 중이다.

●He studied architecture at Yonsei University and took the Master's degree and the doctor's in same major at same school. He started his career as an architect by joining 'Group Ka' after school and then moved to Komerican Architects PC Inc. He established 'Yejo Architecs office' in 1990.

Since he won in the design competition for "Chodong Church" in 1991, won lots of other design competition: Kuri city Gymnasium, Sunchang-Gun Art center & Kain Memorial Building, Ssangyoung Global Tower, Goyang welfare Center for the aged, Mapo welfare Center for the aged, Haenam Natural History Museum, Pyeongtaek Church, Dongan Church.

He won the grand prize for the National Architecture of Korea Award in 1993 in recognition of his remarkable performance proven in his design work for 'Chodong Church Community Complex' and, again in 1996, a gold prize was granted to him by Kuri municipal office for his contribution to architecture. And in 2002, a gold prize was in Suwon Architecture and Culture Award. In 2003, a design Award was granted by The 3rd Asian Environmental Urban & Architecture. In 2004, he won the grand prize in the design competition for Art Center of Yenbian University and, last year, won in Startower which is Jeonju University's Dormitory design competition.

In 1998 he was chosen as a special guest for both 'National Architectural Exhibition of Korea' and 'Korean Architecture 100 Years'.

He has been teaching at Yonsei, Suwon and Gwangju University since 1990. Now he concurrently holds a professorship at the Department of Architecture, Kyung-hee University, Yonsei University and Yenbian University, and Department of college of fine arts, Sookmyung University.

[ㅊ]

최두남 _ Choi Du Nam

●U.C. 버클리대학교와 하버드 대학원을 졸업했다. 1997년 귀국해 최두남건축사사무소를 개소했으며, 1991년 샌프란시스크 건축재단 선정 젊은 건축가상, 1998년 샘터화랑으로 한국건축가협회상을 수상했다. 주요 작품으로 서종갤러리, 부암동 주택, 글라스하우스 논현동 빌딩 등이 있다. 현재 서울대학교 교수로 재직하고 있다.

●Choi Du-nam was born in 1953 and obtained his Bachelor of Arts degree at the University of California a Berkeley and Master of Architecture degree at Harvard University Graduate School of Design. On his return to Korea in 1997, he opened Dunam Choi Architects, Principal. He won the "Young Architect Award" from the Architectural Foundation of San Francisco in 1991 and a Korea Architect Association Award with "Saemteo Gallery" in 1998. His major works include the Seojong Gallery, a residential houses in Buam-dong and Glass House, Nonhyeon-dong Building. He is currently an associate professor in the Department of Architecture of Seoul National University.

최문규 _ Choi Moon Gyu

●연세대학교 건축공학과 교수 ●1961년생으로 연세대학교 건축공학과와 동대학원을 졸업하였다. 이후 도미하여 1991년 콜럼비아 건축대학원을 졸업한 후, 도요 이토 건축사사무소에서 근무하였다. 귀국 후에는 한울건축과 시건축에서 실무를 경험하고, 1999년부터 가아건축을 개소하여 운영해 왔으며, 현재 파주출판도시 섹터건축가이면서 연세대학교 건축공학과 교수로 재직 중이다. 제9회 베니스 건축 비엔날레 국제관에 초청되었고, PA상 2003, AIA 어워드 2004, 한국건축가협회 특별상인 엄덕문 건축상 2005, 한국건축문화대상 2005, 서울사랑시민상 2005, AIA 어워드 2005, 대표작으로는 딸기테마파크, 정한숙 기념관, 쌈지길, 독서지도회, 아름드리미디어, 서해문집, 태학사 등이 있다.

●Born in 1961, Received B. Arch from Yonsei University, Master of Engineering from Yonsei Graduate School and Master of Architecture from Columbia University. Worked in Toyo Ito Architects, Hanul Architects and Group See. In 1999 founded Ga.A Architects. Currently he is a professor of architectural engineering at Yonsei University and a Sector Architect of PaJu Book City. Invited the 9th Venice Biennale, Awarded 50th Progressive Architecture Award2003 USA, AIA~NY Award2004 USA, Korean Institute of Architects Special Award2005. Korean Institute of Registered Architects Award2005, Seoul Architecture Award2005, Gyeonggi Architects Award2005. ●Major works include Dalki Theme Park architecture, Cheong Hansook Memorial, Ssamziegil, Korea Reading Guidance, Arumdri Media, Booksea publishing, Taehaksa publishing.

최삼영 _ Choi Sam Young

●1985 국립경상대학교 건축공학과 ●1995 홍익대학교 환경대학원 환경설계학과 ●2003~2006 일본 동경 와세다대학교 건축과 객원 연구원 ●1985 (주)공간종합건축사사무소 근무(설계실장) ●1996 (주)가와종합건축사사무소 설립 ●김수근선생 10주기 추모 건축전(공간사옥/1996) ●건축사협회 전시관 개관 기념 초대전(1999) ●개인전(POAR주최/김내현화랑/2000) ●한양대 전시관 개관기념 초대전(2000) ●호서대 건축과 초대전(2000) ●국립경상대 건축과 초대전(2000) ●농촌건축학회 국제초대전(2006) ●전원주택 페스티발 초대작가 전시회(2006) ●경상대학교 건축공학과 대학원 건축설계강의 ●인천대학교 건축공학과 강의 ●일본 동경 와세다 대학교 건축대학원 강의 ●SAKIA(건축가협회+고려대학교) 초빙교수

●1958 Born ●1977 JinJu High school Graduate ●1985 Geong sang National University department of Architecture Engineering Graduate ●1995 Hong ik University graduate school department of environmental design Architecture ●2003~2006 Waseda University Architecture researcher ●1985~1995 Space design group works(Design chief) ●1996 KAWA design architecture foundation ●1996 Cherish the memory of a deceased SU GEUN KIM the ten anniversary Architecture Exhibition ●1999 Korea institute of Architecture introducation the opening of a museum commemoration invitate Exhibition ●2000 A Private Exhibition (Sponsor of Poar/ (NAE HYEON KIM Art Gallery) ●2000 Han Yang University the opening of a museum commemoration invitate Exhibition ●2000 Ho Seo University department of Architecture invitate Exhibition ●2000 Geong sang National University department of Architecture invitate Exhibition ●2006 Rural Communities learned society International invitate Exhibition ●The Exhibition of the invited artist, The suburban~style housing Festival(2006) Lecture ●Geongsang National University Graduate School, Architectural Design lecture Incheon University Department of architecture Engineering ●Japan, Tokyo, Waseda University Graduate School of Architecture ●SAKIA(Korean Institute of Architecture+Korea University), a visiting professor

최승원 _ Choi Seung Won

●앙가주망 건축사 사무소 대표 ●신병원으로 환경문화상을 수상했고, 동양엘리포터힐로 아카시아(arcasia) 건축상에서 골든 메달을 수상했다. 아티그램에서 '최승원의 여름명상'과 '신영옥의 여름바다' 부부전시회를 개최하였다. 주요작품으로는 홍은동주택, 오교수스튜디오, 신병원, 해관유치원, 서울성남고등학교정보도서관, 서울성남고등학교 community school plan 등이 있다.

●I am Engaarch representation that is a qualified architect office. I won the Environmental Culture Prize for Shins hospital and the golden medal for Dong Yang Eleport hill in Arcasia Arcfitectural Prize. Artigram held the exhibitions of a married couple whose titles were Choi Seung Wons summer meditation and sin young goks summer sea. The piece of resistance of mine were artist Ohs studio, shins hospital, S highschool community plan and so on.)

최아사 _ Choi Ah Sha

●홍익대학교 건축공학과를 졸업(1983), 동대학원에서 석사를 취득하였으며, Pratt Institute School of Architecture-Grad. Architecture를 거쳐 홍익대 대학원에서 박사학위를 취득하였다. (주)종합건축사사무소 간 · 삼, Carl Puchall Associates_designer, George Rycar Architects_designer, 동명 · 상목 종합건축사사무소, (주)종합건축사사무소 時像에서 실무를 하였다. 현재 계원조형예술대학 교수로 재직중이다. 주요작품으로 안양시 관양동 736 proj., 제주시 연동성당 master plan, 안양시_'간판이 아름다운 거리 시범가로 조성사업' 현상설계, 명동 경도빌딩 Remodeling, 의왕시_갈뫼-백운호수 문화거리 조성 기본설계, 정부종합청사 신관 현상설계, 동숭동 두레빌딩, 대전 EXPO'93 재생조형관 등이 있다.

●Graduated from Dept. of Architectual Engineering, Hong-Ik University in 1983. Master's degree in Architecture, Hong-Ik University. Pratt Institute School of Architecture-Grad. Architecture. Doctor's degree in Architecture, Hong-Ik University. Gan-Sam partners Carl Puchall Associates_designer George Rycar Architects_designer Dong-myoung, Sang-Mok architects SISANG DESIGN GROUP CO.,LTD. Currently, he is a professor of Kaywon school of art and design. Major works are 'An-yang 736 project', 'yeon-dong catholic church master-plan', 'Dure building in Dongsung-dong', 'New York Port Authority Apartment Renovation, New York City', 'Galmoi-bakwoon lake Culture Street, Ui-Wang'

최욱 _ Choi Wook

●1989 베네치아 건축대학 졸업(dottore in Arch.), 베네치아, 이탈리아 ●1988 피터아이젠만 워크숍, 베네치아, 이탈리아 ●1987 안드레아 팔라디오 워크숍, 비첸자, 이탈리아 ●1985 홍익대학교 건축학과 졸업 FELLOWSHIP ●2004 Valparaiso Foundation, spain ●1998 Macdowell Colony Fellowship, usa. EXPERIENCE ●현재 one o one 대표 | 한국예술종합학교 미술원 건축과 설계스튜디오 튜터 ●2006 베니스비엔날레 건축전 한국관 참여작가 (베니스) ●2005 Vision of the Body 전시장 디자인(서울 시립미술관) ●2005 paju bookcity(베를린) ●2002 부산비엔날레 특별전-Groundscape 코디네이터(부산 시립미술관), 헤이리 아트밸리 건축전 코디네이터(서울 성곡 미술관) ●2001 철암 그 미래를 위한 제안(전시회), 파주출판단지 건축가(전시회), 건축과나(전시회)

●2004 Vaparaiso Foundation Fellowship Spain ●1998 Macdowell Colony Fellowship USA ●1989 Graduated Institute Univ. Architecture of Venezia, Italy (dottre in arch.) ●1988 Peter Eisenman Workshop, Venezia, Italy ●1987 Andrea Palladio Workshop, Vicenza, Italy ●1985 Graduated Hongik Univ.

[ㅎ]

함성호 _ Haam Sung Ho

●강원대학교 공과대학 건축공학과를 졸업했다. 1990년 계간 〈문학과 사회〉에 시 '비와 바람 속에서'를 발표하며 등단. 1991년 종합 예술전문지 '空間' 건축 평론 신인상 수상-조건영론. 1995년 읽기의 방식전 기획(충돌 소극장). 1996년 청담 판화 미술제 김내현 화랑 전시 기획. 2000년 춤과 건축의 만남전-포스코빌딩(서울). 2000년 제1회 건축가 패션전-김내현화랑(서울). 2001년 현대시 작품상 수상. 2001년 '이것은 전원 주택이 아니다' 전-갤러리 피쉬(서울). 2002년 시 '푸른직육면체' 황미숙 무용단 공연-문예회관(서울). 2003년 '서울 타임캡슐전' 사루비아 갤러리(서울). '읽기의 방식전2' -쌈지(서울). 2004년 '그리운 사람에게' 무용 기획(선유도, 서울). '트렁크 로테이션전' 사루비아(서울). 2005년 석수시장 프로젝트 '읽기의 방식전3'-석수시장(안양). 현재 건축비평가 포럼 DAZ 회원, 건축 비평 동우회 회원, 건축설계 사무실 EON 대표 ●2000년 〈장유당〉사무실, 서울 ●2001년 〈크레타〉근생, 파주시 헤이리

●2002년 〈르베끄 슈끄레〉근생, 파주시 헤이리 ●2003년 〈강이네집〉주택, 파주시 헤이리 ●2006년 〈무지개 어린이 집〉파주 ●2006년 〈하와벡〉근생, 서울시 한남동

●Born in Sokcho. Bachelor of Science, Kangwon National University. 1990 Living For Poem. 1991 awarded「Space Architectural critic Award」 1996 Exhibition Director of「Cheongdam Print Festival」 2001 awarded「Contemporary Poetry Award」 2001 participated「This is not out of urban house exhibition」 present, member of 'DAZ' Architecture Critic Forum, Chief Architect of Architecture Design Office 'EON' ●〈jiangyoodang〉 seoul ●〈creta〉 paju ●〈le vec sucre〉 paju ●〈kangyne〉 paju ●〈rainbow hose〉 paju ●〈hawabeck〉 seoul

함은주 _ Hahm Eun Ju

●지음아키씬 건축사사무소 대표 ●강원대학교 건축공학과, (주)삼주건축, studio metaa ●넘치는 교회, 인사동쌈지마켓, 서울문화재단, 인사미술공간, 헤이리딸기가 좋아2.

●zium archi scene Architects & Planners ●Department of Architecture, Kangwon National Univerisity, SamJu Architects Engineers Co.,Ltd., studio metaa ●Neumchinun Church, Ssamzie Market, Seoul Foundation for Art & Culture, Insa Art Space, I Like Ddalki 2.

헬렌박 _ Helen Ju-Hyun Park

●1987년 하버드 대학에서 물리학 학사를 취득. 동 대학의 건축대학원에 지망하여, 건축학석사와 조경학 석사를 취득. 서울대학교 공과대학 건축학과에서 건축 이론 논문「초현실적 구경의 응시」로 1995년 박사 학위 취득. L.A.R.S. (Land-Architecture Research Studio)를 설립, 작품 활동을 하며 서울대학교 출강, 경기대학교 건축전문대학원의 부교수로 재직 중.

2002 베니스 비에날레 한국관 작가로 선정되어 출품. 영국 Architectural Review와 덴마크 dline이 수여하는 ar+d Highly Commanded Award Emerging Architecture 2002, 미국 건축가협회작품상(AIA Regional Architecture Award of Honor: Northwest and Pacific Region)과 2003 한국목조건축대전 본상 목재문화포럼이사장상 등의 수상이 있음. 주요 작품으로는 강화 우리마을 , 헤이리 프로젝트, 디지컴코리아 사옥, 비젼빌리지 프로젝트등이 있슴.

●Helen Ju-Hyun Park was born in 1964 in Seoul, Korea. She received A.B. cum laude in Physics from Harvard-Radcliffe Colleges in 1983. Interested in the interaction between buildings and landscape, she went on to study at Harvard Graduate School of Design and attained Master in Architecture with distinction and Master in Landscape Architecture. Upon returning to Korea, she wrote the Ph.D dissertation on the 'surreal aperture in architecture' at Seoul National University. She now practices architecture and landscape architecture in Seoul, and holds the teaching position at the Graduate School of Architecture at Kyonggi University as an associate professor. Her work was exhibited at the 2002 Venice Biennale. She received Ar+d Highly Commended Award: Emerging Architecture 2001 given by The Architectural Review and d lineTM international and American Institute of Architects Regional Architecture Award of Honor(Northwest and Pacific Regional) as well as AIA Medal of Honor: Henry Adams Medal., She has designed the following representative works: Uri Village, Heyri Projects, Digicom headquarter and Vision Village projects.

플로리안 베이겔 _ Florian Beigel

●1941년 독일 콘스탄쯔에서 출생 ●1970년부터 런던에서 플로리안 베이겔 아키텍츠 운영 ●현재 북런던 대학교 건축연구소 디렉터와 건축과 교수로 재직 ●1968슈투트가르트 대학교 건축학과 졸업 ●1969런던의 바틀릿 건축학교에서 건축 및 도시계획 과학 석사 취득 ●1989 영국 일급 건축사 자격 ●1990독일 건축사 자격 ●1970플로리안 베이켈 아키텍츠 작업 ●1976북런던 폴리테크닉(북런던 대학교) 건축연구소 디렉터 ●1990북런던 대학교 건축과 교수

●Born in 1960 in Konstanz, Germany ●Working in Private Practice Florian Beigel Architects in London since 1970 ●Now Professor of Architecture and the Director of the Architcture Rsearch Unit at the Department Architecture and Spacial Design, the University of North London ●1968Diplom Ingenier(Architecture) University of Stuttgart ●1969Master of Science, Bartlett School of Architecture and Planning, University College London ●1989registered Architect, ARCUK(Architects Registration Council of the United Kingdom) ●1990registered Architect, Architektenkammer von Baden Wuerttemberg, Germany ●1970Working in Private Practice Florian Beigel Architects ●1976Director of the Architcture Rsearch Unit at the Department Architecture and Spacial Design, the University of North London ●1990Professor of Architecture at the Department Architecture and Spacial Design, the University of North London

토마스 한 _ Thomas Han

●창의적인 생산과 연구를 위한 복합적 공장 xNOISIA의 디렉터인 토마스 한은 제도권적인 교육보다는 독학을 통한 연구에 비중을 두고 작업활동을 해왔다. 1960년 서울에서 태어났으며, 1970년 이래로 법적으로나 언어적으로나 미국인인 그는 필라델피아의 The University of the Arts, 대만의 Shih Chien University 그리고 경기대학교 건축전문대학원에서 교수로 있었다.

●Director of Studio xNOISIA, a comprehensive factory of creative production and scholarship. Went to school but largely self-taught. Formerly professor of architecture at the University of the Arts, Philadelphia; Graduate School of Architecture, Kyong-gi University, Seoul; Shih Chien University, Taipei. Born in Seoul, 1960. Since 1970, American by law and tongue.

shop _ Sharples Holden Pasquarelli

●건축, 순수미술, 구조공학, 재무경영의 각기 다른 배경의 다섯 파트너로 구성된 떠오르는 디자인 회사로, 대학교, 인도교, 시민공원, 대중 설치미술, 박물관, 소매점, 중층 집합 주택에 이르는 광범위한 프로젝트를 수행하고 있다. SHoP는 특정 프로젝트만이 시사할 수 있는 독창적이고 건축가능한 방법을 찾기위해 3차원 컴퓨터 형상 산출과 빠른 프로토 타입, 사내 작업실에서의 모델 제작과 같은 복합 디지털 전문기술을 사용한다. 디지털 시대에 부상하는 개념과 이론을 시공 및 설계 원리에 접목 시킬 수 있는 건축가로서의 명성이 그들을 여타의 건축가와 구분 짓는다. SHoP는 ●1996년에 설립되어 Architectural League of New York 으로부터 ●2001 Emerging Voices Award, American Academy of Art and Letters에서 ●2001 Academy Award in Architecture, ●1999년에 Progressive Architecture를 수상했다. ●2000년에는 Annual Museum of Modern Art and P.S.I Contemporary Art Center Young Architect's Award Program 에 당선되었다. 근래에 2002 Architecture Design Award of the Cooper-Hewit National Design Award Program 결승에 진출하였다. 활발한 출판, 전시활동뿐만 아니라, SHoP의 작품들은 Museum of Modern Art 에 영구 소장되고 있다.

●SHoP Architects is a New York design firm with five partners whose education and experience encompass architecture, fine arts, structural engineering, finance, and business management. In addition to the partners, our office is currently comprised of 43 staff members and is located at 11 Park Place, near City Hall in lower Manhattan. Founded in 1996, SHoP was awarded the 2001 Emerging Voices Award by the Architectural League of New York and the 2001 Academy Award in Archiecture from the American Academy of Arts and Letters, as well as a Progressive Architecture (P/A Award) Citation in 1999. In 2000, SHoP was the winner of the annual Museum of Modern Art and P.S.1 Contemporary Art Center Young Architect's Awards Program. SHoP was one of three finalists for the 2002 Architecture Design Award of the Cooper-Hewitt National Design Awards Program and also received the 2002 WIRED Magazine Rave Award for Architecture. Most recently, SHoP's design for The Porter House was recognized by a 2006 Lumen Award, a 2005 AIANY Housing Design Award, a 2005 AIANY Honor Award in Architecture, a 2005 Chicago Athenaeum American Architecture Award, a 2005 Building Design and Construction magazine Building Team Project Award, as well as a 2004 AIA New York State Merit in Design. Work produced by SHoP is published and exhibited internationally, and is in the permanent collection of the Museum of Modern Art.

Heyri - MICROPOLIS -

1판 1쇄 발행　2007년 6월 30일
1판 2쇄 발행　2011년 8월 20일

지은이　헤이리(Heyri)
주　소　경기도 파주시 탄현면 헤이리
homepage　http://www.heyri.net
E-mail　heyriart@chol.com

발행인　강 해 작 (Kang Hae Jak)
펴낸곳　기 문 당 (Kimoondang Publishing Co.)
주　소　서울시 성동구 무학봉28길 4-1(왕십리동 966-22)
4-1, Muhakbong 28gil, Seongdong-gu, Seoul, 133-858 Korea
등록번호　제1-44호
등록일자　1976. 10. 7
T : 82-2-2295-6171~5
F : 82-2-2296-8188
homepage　www.kimoondang.com
E-mail　kmd@kimoondang.com
ISBN　978-89-7086-747-2　93540

값 17,000원

검인생략

본 서는 한국문화예술위원회의 지원금을 받아 출간하였습니다.